AI 时代的高效制冷机房

许 鹏 沙华晶等 著

中国建筑工业出版社

图书在版编目（CIP）数据

AI 时代的高效制冷机房 / 许鹏等著. — 北京：中国建筑工业出版社，2022.12
ISBN 978-7-112-28082-7

Ⅰ. ①A… Ⅱ. ①许… Ⅲ. ①机房-制冷装置-建筑设计 Ⅳ. ①TU244.5

中国版本图书馆 CIP 数据核字（2022）第 200419 号

责任编辑：齐庆梅
责任校对：李美娜

AI 时代的高效制冷机房

许 鹏 沙华晶 等 著

*

中国建筑工业出版社出版、发行（北京海淀三里河路 9 号）
各地新华书店、建筑书店经销
北京鸿文瀚海文化传媒有限公司制版
北京市密东印刷有限公司印刷

*

开本：787 毫米×1092 毫米　1/16　印张：10½　字数：246 千字
2023 年 2 月第一版　　2023 年 2 月第一次印刷
定价：**78.00** 元
ISBN 978-7-112-28082-7
（40137）

序　一

许鹏教授邀我为他的新作《AI 时代的高效制冷机房》写序。接到他的电话，我一方面感到荣幸，另一方面也感到一丝惊讶。该书编写过程中，和所有人一样，编写团队经历了隔离、居家、上网课、城市"静默"、无法面对面交流等种种困难。看来在"静默"期间，除了正常教学科研，大家仍然笔耕不辍，这是很令我钦佩的。而据我了解，有不少科技工作者，在三年疫情期间，并没有停下脚步，更没有"躺平"，反而利用这一段时间，排除纷扰，为学科发展和技术进步积极做贡献。这才是国家重振的希望。

高效制冷机房是近年业内的一个热点。我以为高效制冷机房概念是建筑节能理念的一种提高。归纳起来有以下一些特点：第一，建筑节能的路径已经从降负荷发展到降能耗，即从计算节能量发展到实物量节能，对供热供冷来说，就是要提高用能效率。而公共建筑的机房能耗，是供热供冷系统能耗中占比最大的部分，也是建筑能耗中占比最大的部分之一。第二，提高用能效率光有高效率的设备（制冷机、热泵等）还不够，更需要高效设备组成的系统也能有很高的效率。第三，高效制冷机房的高效率，不仅对设备制造、对工程设计提出很高要求，更对能源管理、系统运行，尤其是对系统调适提出了高要求。第四，高效制冷机房离不开智能控制和智慧管理，高效制冷机房的运行管理更多地用到数据科学的方法，目前还没有形成普适化和标准化的规范，这也是现在研发的重点。第五，高效制冷机房的实现，还只是实物量节能的第一步，更大的目标是实现全系统节能以及热电耦合的节能，更进一步的方向是不仅节能，还要去碳，还要让高效制冷机房在高可再生能源渗透的智能电网中贡献灵活性（柔性）。

《AI 时代的高效制冷机房》这本书涵盖了上述几大特点。与其说这是一本学术专著，不如说这是一本技术指南。该书恰如其分地兼顾了理论与实践两个方面，因此可以覆盖更大的读者面。这也反映了该书的一个特点，既有扎实的理论基础，又有丰富的实践经验。"上得了厅堂，下得了机房"，对我们这种应用性技术专业来说，尤为难能可贵。

读者可以结合作者另一部关于需求响应的著作《建筑需求响应控制及应用技术》，对"双碳"背景下的建筑节能有更深入的理解。有兴趣的读者可以把两本书一起理解，也许能有更大的收获。

2022 年 6 月

■ 序 二 ■

2021 年 7 月，在首届全球智能新经济峰会上，特斯联与同济大学签约发起了碳中和及物联网联合实验室项目，围绕"双碳"核心理念，共同开启了全新合作模式，为智能新经济大生态圈发展添砖加瓦。

在一年多的时间里，双方充分发挥各自优势，通过紧密合作和积极探索，在"双碳"领域取得了一系列进展。本书正是结合了同济大学许鹏教授团队的理论研究成果以及特斯联专家团队在楼宇智能化多年的实践经验，共同撰写而成。

自我国明确 2030 年"碳达峰"和 2060 年"碳中和"时间节点，2021 年初"碳达峰"与"碳中和"首次写入政府工作报告，正式成为国家级战略，碳中和所涉及的环保、新能源、新材料等领域发展趋势明显。工业、交通、建筑是我国能源消耗的三大领域，其中现代大型建筑中央空调系统能耗占建筑整体能耗的 40%～55%。与此同时，大家对于空调系统的期待不再仅仅是能稳定运行或维持环境舒适，高效节能正在成为共识。因此，在碳中和的大背景下，高效机房的推进对于实现节能减排目标具有重要意义。

《AI 时代的高效制冷机房》从方案设计、系统应用、安装调试、维护管理等多方面阐述高效机房的设计实施细节，是业内专家多年的经验总结。另外，本书的特别之处还在于讲述了如何将当下炙手可热的人工智能技术应用于提升建筑能源利用效率、实现节能减排，使先进技术和业务实践相互促进、相得益彰。希望本书对于科研人员、相关工程实践人员都能有所启发。

特斯联创始人兼首席执行官
艾渝
2022 年 11 月

前　言

全球变暖是我们人类命运共同体在未来 100 年需要共同面对的挑战。降低建筑空调制冷能耗其实是这个挑战中最重要的一个环节。一方面是因为在我国建筑空调制冷能耗占社会总能耗的 30％左右，超过了各类交通部门的总和；另一方面随着生活水平的提高和第三产业与数据机房的发展，这部分能耗也是增长得最快的。在上海、深圳这样的一线城市，空调制冷（含工业生产环境制冷）能耗，已经接近发达国家，达到社会总能耗的 40％左右。

从全球来看，未来能否实现碳中和的目标，空调制冷能耗非常重要。其中最大的变量是非洲和印度这些热带人口稠密的地区和国家的制冷能耗。未来随着他们生活水平的提高，空调制冷能耗也将面临爆炸性增长。

然而空调制冷能耗又是最容易被快速降低的。供应侧的碳排放，将整个能源系统转型为可再生能源零碳系统，需要 30～50 年的时间，而且非常依赖未来的关键技术突破。空调制冷原本不需要那么高的能耗，现有成熟技术就可以把空调能耗显著降低。

就大型公共建筑的制冷系统而言，通过低成本的运维调试改造，可以把制冷机房的能效提高 20％～30％。如果辅助以制冷机组的更换和整体设计的优化，安装直接数字控制器（DDC），整个能效是可以提高一倍左右的。大量的国内外的工程经验都可以证明这一点。如果给出合理的政策引导，在我国，这个过程只需要 10～20 年就可以完成。

要实现全球的碳中和，简单一句话就是长期靠光伏，短期看空调。如果，我们能够在未来 10～20 年的时间里，利用现在已有的成熟技术，把空调制冷能耗显著降低，那么我们就可以首先实现碳达峰。然后最终利用光伏等可再生能源技术，实现供应侧的零排放，最终实现全球的碳中和。

一方面我们有迫切的需求，需要实现高效制冷机房（以下简称"高效机房"）的建设，另外一方面随着人工智能、大数据分析的方法和自动控制的普及，也给暖通行业的制冷机房建设带来了新的机会。

比如，大型公共建筑用于机电运维的传感器数量比过去二三十年前显著提升。DDC使用中虽然还有各种各样的问题，但是基本所有的新建大型公共建筑都安装有配套DDC。建筑用于运维的操作人员成本在上升，也对自动化需求提出了新的要求。传统需要巡检人员日常抄表才能发现的运维故障，随着空调系统故障诊断技术的发展也越来越多地自动化。越来越多的建筑安装有能耗监测系统，大数据分析的方法，能让我们更加有效地比对不同空调机房的性能，找到节能的潜力。

基于这些背景，我们决定写这样一本书，通过介绍高效制冷机房的成熟经验和案例，推动行业的发展。这是一本理论和实践相结合的高效制冷机房建设的书。参编单位汇集了高校和科研院所有多年工程经验的实践工作者。

全书分为这样几个部分：

第 1 章是高效机房建设意义。这里我们不仅介绍了中国总的原则和经验，也介绍了发达国家高效制冷机房的建设经验。

第 2 章是高效机房的设计建造。在这一章里，我们系统地介绍了高效制冷机房的定义、评价标准以及建设原则。一个好的高效制冷机房必定是从设计、建造到运维控制全过程管理来实现的。在这一章里我们详细地描述了实现高效制冷机房在每个环节需要做到的关键点。

第 3 章是高效机房的改造。如何把一个机房，通过改造来实现性能的显著提升。这一章包括改造前的准备工作、监测数据的要求、分析这些数据的方法以及制冷机房常见的问题和改造的建议。

第 4 章是高效机房设备与群控系统调试。不见得所有的机房改造都需要更换大型设备。如果冷水机组和主要设备离更新替换的时间还比较远，那么是可以通过设备的调试来实现高效节能的运行。这些调试包括设备的单机调试，如冷水机组，水泵和冷却塔，也包括群控系统的调试。

第 5 章是高效机房的运维，在这里我们介绍了人工智能和大数据分析的方法。这样在运维阶段根据系统反馈的数据，实现高效制冷机房的故障诊断以及机器人的巡检。

第 6 章是高效机房实施案例。在这里我们给出了 4 个案例，一个是大型酒店群控智能系统的设计，一个是某办公楼高效制冷机房的改造实例，一个是某综合体制冷机房的运维数据分析案例，最后一个案例是关于巡检机器人如何取代操作工实现智能巡检的应用案例。

最后一章为总结与展望。

本书凝聚了参编人员最近十几年的工程经验和科研成果。各个章节的编写分工如下：

许　鹏　1.2 节，6.2 节

关　航　1.1 节

齐梓轩　2.1 节

张同荣、任亚军　2.2.1～2.2.3 节

沙华晶　2.2.4 节，2.2.6 节，2.3 节，3.1 节，3.3 节，5.2 节，6.3 节

王　玮　2.2.5 节

庞志伟　2.4 节

黎蕴杰、吴旭江　3.2 节

荣剑文、许云龙、周长明　3.4 节，3.5 节

许云龙　第 4 章

肖　桐　5.1 节

贾乾然　5.3 节，6.4 节

尹志强　6.1 节

丁金磊　第 7 章

统稿：

沙华晶、肖　桐、王思琦

在此感谢各位工程技术人员对各个章节的贡献。

新加坡国父李光耀说，对新加坡来说，空调是 20 世纪最重要的发明。现代城市以及现代公共交通，离不开空调提供舒适的环境。然而空调的全面使用也给城市的能源带来了巨大的问题，甚至直接威胁全球气候变化和我们赖以生存的地球环境。如果未来全社会 40％的电耗是空调制冷，那么我们每一个暖通空调的从业者就都有义务把这部分能耗降低下来。

这本书里我们介绍的是相对成熟的技术和已经实施的案例。未来高效制冷机房的发展还需要诸多研究成果和工程技术人员的共同努力。本书只是概述了最基本的概念和设计的相关技术以及案例分析，不足之处还请同行多多指正。现在正面临我国"双碳"目标的大背景，我们相信，通过热爱和关心这一事业的工程技术人员的共同努力，一定能够实现高效制冷机房全面的普及和推广。

目　录

第1章 高效机房建设意义

1.1 高效机房的经济效益与碳排放

2019 年 6 月,国家发展和改革委员会等 7 部门联合印发了《绿色高效制冷行动方案》。方案中明确指出,"到 2030 年,大型公共建筑制冷能效提升 30%,制冷总体能效水平提升 25% 以上,绿色高效制冷产品市场占有率提高 40% 以上,年节电 4000 亿 kWh 左右"。此方案一经出台,"高效机房"成为一个热议的话题。

要实现此方案提出的目标,需要先明确什么是"高效"的机房?"高效"一般是针对制冷机房的系统综合能效比 EER 而言的,是对制冷机房实际运行情况的耗能评价。制冷机房中任何一个设备的运行变化都会影响到机房的能耗。制冷机房全年平均运行能效比越高,代表机房越节能,运行时间、台数控制、功率投入越合理,节能控制系统也越优秀。高效机房的建设除了要达到高能效比以外,其控制策略也要能够保证整个机房系统长期处于高效率区运行,还应尽量减少系统的阻力,采用智能控制技术实现机房系统无人值守和自动运行。

目前国内 90% 的建筑制冷机房年平均能效比在 2.5~3.5,如果制冷机房系统的系统能效从 3.5 提升到 5.0,制冷机房的系统耗电量就降低 30%,产生的经济、社会效益是相当可观的。表 1-1 列举了一些高效机房项目的实践结果及效益分析。

高效机房实际案例成效分析　　　　　　　　　　　　　　　表 1-1

项目名称	能效比		节能率	年节省费用 (1kWh 电费为 1 元)	投资回收期 (年)
	改造前	改造后			
既有机房改造					
杭州城际铁路海昌路站机房改造	3.15	4.5	30%	14.5 万元	4
某生物制药车间机房改造	3.95	5.12	22.9%	180.18 万元	1.5
上海太平桥 126 项目制冷机房控制优化	—	—	18.79%	88 万元	—
青岛某高校空调制冷机房控制优化	—	—	20%	19.93 万元	3.4
东方电子集团制冷机房改造	2.87	5.93	51.6%	—	—
广州地铁苏元站制冷机房改造	—	6.48	—	—	< 3

续表

新建机房				
项目名称	能效比	节能率	年节省费用 （1kWh电费为1元）	备注
北京某写字楼项目制冷机房设计	4.55	36％	—	节能率基准参考数据来源于清华大学发布的《中国建筑节能年度发展研究报告》
广州市科学城制冷机房设计	5.58	—	121万元	—

从实际的高效机房设计或改造案例来看，打造高效机房在很大程度上节约了运行成本，节省了人工成本，减少人为故障，节约大量的人力和物力，同时设备的合理运行还可以减少设备损耗，延长设备的使用寿命。由此可见，高效机房对于可持续发展有重大意义，提高能效比也是时代必然。但是由于高效机房的整套系统的初投资成本较高，针对各个项目，投资成本不同，后期的经济回报周期长短也不同，同时长期的运行管理维护以及项目投资方的最终决策也影响着高效机房最终是否能够落地。

2015年，为应对气候变化，世界各国达成统一协议，共同签署了《巴黎协定》。作为《巴黎协定》的缔约方之一，我国在第75届联合国大会上郑重承诺，努力争取在2030年前实现碳达峰，2060年前实现碳中和。我国提出的碳达峰、碳中和目标，一方面是实现可持续发展的内在要求，另一方面也体现了我国积极承担国际责任、推动构建人类命运共同体的大国担当。在"双碳"目标背景下，暖通行业承担着很大的责任。在公共建筑中，空调系统能耗占建筑整体能耗的比例最高。其中，制冷机房系统能耗占空调系统总能耗的65％。以中央空调占公共建筑能耗的50％计算，如果全部切换为高效机房，系统能效从3.0提升至5.0，碳排放可降低1.568亿t二氧化碳，全国碳排放总量可降低1.585％，考虑冷水系统和氟系统1∶1设计，高效机房碳排放总量可降低0.792％。在工业建筑环境控制和工业冷却中，仍以采用制冷空调为主。按照国家能源局2020年用电计算，工业用电量50297亿kWh，预计制冷机房用电10059亿kWh，平均折合碳排放量为10.03亿t。如果全部切换为高效机房，系统能效从3.0提升至5.0，碳排放可降低4.012亿t二氧化碳，全国碳排放总量可降低4.055％。因此，推动高效机房的建设发展不仅仅是推动行业技术的创新和发展，而且是实现"双碳"目标的重要举措。

1.2 目前国内外建筑制冷机房的现状

1.2.1 高效机房建设国内外经验

由于各国国情不同，公共建筑的形式不同，高效机房的建设规律也略有不同。比如发达国家以改造为主，中国目前高效机房还是以新建为主。发达国家的制冷机房，一般都是自动化控制，我国的制冷机房大部分需要人工控制。未来随着我国大型公共建筑的建设速度减缓，改造的问题变得越来越突出。另外一方面，随着劳动力成本变高，我国的机房自动化水平也会逐步提高，所以借鉴两方面的经验都很重要。我们以美国为例，总结一下发达国家高效机房的经验。

1.2.2　美国高效机房

美国的制冷机房常见问题有下面三个。

第一，冷水机组设备的自然老化。空调机房和建筑的钢筋混凝土不同，机房的机械设备，随着时间的推移，性能会自然地衰减。拿制冷机房的"心脏"制冷机组作为例子，水冷式冷水机组一般平均寿命是在 20～30 年，风冷式冷水机组平均寿命一般在 15～20 年。

然而并不是设备到了生命周期结束再去更换，水冷式冷水机组平均每年效率降低 1%左右，风冷式冷水机组的情况会更糟糕一些，通常每年的效率下降 2%左右。对于一个新建建筑而言，如果风冷式冷水机组使用了 15 年，那么它的效率已经只有最初的 70%了。冷水机组需要定期更换。

第二，系统配置不合理或者建筑负荷发生变化。公共建筑是一个不断变化的公共空间，负荷也会随着使用功能的变化而变化。当负荷变化之后，即使一开始设计良好的系统，也会出现大马拉小车的现象。如果接入了新的环路，也会出现个别管路设计不合理，平衡出现问题。个别环路出现沿程或者局部阻力过高的现象。这时需要重新配置制冷机房关键设备和环路。

第三，自控系统的漂移与故障。自控系统随着时间的推移也会呈现老化的迹象。比如传感器经过很长时间没有标定，那么获得的温度控制参数就会较原来设定的理想值产生漂移。即使控制环路在运行之初得到了很好的调试，随着时间的推移，运行状态点也会发生变化，控制系统的参数需要定期调适。

围绕着这些原因，在美国，高效机房的改造通常由设备更换入手。比如把溴化锂冷水机组改为离心机，或者把使用 20 年以上的冷水机组换成现代高效的冷水机组。

但是更换冷水机组的时候不能只是更换冷水机组本身，而是需要把机房作为一个整体考虑。比如如果把 COP 为 5 的冷水机组更新为 COP 为 7 的冷水机组，冷水机组的效率的确是上去了，但是系统匹配会出问题。通常新的冷水机组换热效果更好，冷水机组蒸发器侧水的阻力也会更大一些，这就要求对冷水泵同时进行更换。

另外一方面在设计制冷机房的时候，往往建筑还没有投入运行，人们并不知道实际的空调负荷，往往导致制冷机组选型会偏大一些，缺乏单个小机组用来应对小负荷的运行。

所以在冷水机组更换的时候，不能仅仅是对等地把一台 300RT 的冷水机组换成另外一台 300RT 的冷水机组，而是要把制冷机房作为一个整体重新平衡考虑设计，平衡负荷和输配系统。

这个时候最好用全年的逐时负荷数据来优化新的制冷机房的选型。否则有的时候甚至会出现在更新冷水机组之后，能耗反而上升的情况。因为原有的冷却塔、冷却水泵和冷水泵并不与新更换的冷水机组相匹配。除了冷水机组寿命受限制以外，水泵的寿命也是同样有一定的限制条件。如果冷水机组已经服务了 20～30 年，更换水泵也是一个不错的考虑。

更换冷水机组可以考虑按照如下几个原则进行：

原则一：新更换的冷水机组通常会安装变频器，这样可以在小负荷的时候，实现比较高的运行效率。如果需要更换的不是离心式冷水机组，而是往复式或者是螺杆式冷水机组，那么可以考虑采用磁悬浮冷水机组代替它们。磁悬浮冷水机组在300RT以下的时候有更好的性能。

冷水机组如果没有用变频器，可以考虑配置低电压的软启动。没有变频装置的定压定速压缩机在冷水机组启动的时候，由于启动电流过大会影响电机的寿命。软启动冷水机组能够逐步增大电流和电压，避免过高的启动电流，不仅节能，而且还能够延长设备的运行寿命。

原则二：更换风冷式冷水机组，通常最好在改造的时候换成高效的水冷式冷水机组。

购买一台高效的冷水机组投资回收比是相当高的，在制冷季节超过3个月的地方，通常一台冷水机组全年的运行电耗占冷水机组购置费的1/3左右。如果在效率上有所提升，投资回收期就比较短。

比如对于500RT的冷水机组，相比而言，一台COP为6.4的冷水机组，比起一台COP为5.8的冷水机组，初投资差价在12000美元左右。而运行费用每年却可以节省约3000美元，投资回收期在4年左右。

如果把冷水机组效率的提升，和同时减少容量过大的冷水机组结合在一起，那么节能量就更为客观。

原则三：如果选择一台冷水机组，通常选择它在当前运行条件下效率最高的那台冷水机组。

冷水机组的效率受负荷和其他外部运行条件的影响非常大。在设计的时候，通常设计师考虑的是满负荷和标准工况运行下的结果。但是实际上冷水机组在绝大部分时间都是在30%～70%的负荷下运行，室外的气象参数也不是标准工况。

所以在选择冷水机组的时候，要看实际的运行状况，以最长运行时段的工况来选择效率最高的冷水机组。

原则四：如果冷水机组原来和冷却塔的连接关系是1对1的，分管式连接。通常在改造的时候把多台冷却塔改成平行连接。这样可以让一台冷机在部分负荷状况下，同时和多个冷却塔共同联动。这样尽可能地降低冷却水蒸发器进口温度。因为总体而言冷却塔的电耗相比冷水机组要小很多。

原则五：通常在条件允许的时候，安装水侧的节能器（即采用冷却塔免费供冷）。大量的商业建筑，在过渡季节甚至在冬季都需要运行开启冷机来满足建筑内的制冷需求。然而这些都是可以通过水侧的节能器来实现的，就是把冷却塔作为生产冷水的来源。当然这需要配备额外的换热器和额外的空间。

除了更换设备，第二个需要解决的是制冷机房的运行和维护的问题。从美国的改造经验中来看，主要遵循以下这些原则。

原则一：采用合理的逻辑控制系统来逐个开启冷水机组。冷水机组启停策略总的思路就是尽可能的少开冷水机组，并且尽可能地让已经开启的冷水机组保持在最高效率状态。

原则二：跟踪室外温度去重置冷水的供水温度。就是当室外没有那么炎热的时候，应该把冷水的供水温度提高上去，来提升冷水机组的运行效率。这一类的策略往往是冷水机组自带的，但是运行操作人员通常会把这一类的运行策略关闭掉，因为有些会给运维人员带来额外的麻烦。

原则三：冷凝侧的冷却水温也需要根据室外的条件变化而变化。通常我们控制湿球温度和冷却水的温差在4℃左右，但这不是一个定值，还是要综合考虑冷却塔和冷水机组电耗之间的平衡。

原则四：使用尽可能多的冷却塔来压低冷却水供水温度。对于大部分的制冷机房而言，都是有额外的容量的。冷水机组可以利用额外的冷却塔能力来降低冷却水温度。冷水机组的功率必须跟负荷实时匹配，但是冷却塔的额外的容量其实是可以被充分使用的。简单而言就是，即使只开一台冷水机组，也可以同时开4台冷却塔，当然这要求冷却塔的连接必须是共管的。

原则五：频繁检查水质和及时清理污垢。随着冷水机组的运行，设备肯定会出现结垢的现象，尤其是对于冷凝器侧的内壁。蒸发器的内壁会略好一些，因为冷水是闭式的系统。如果冷却塔是开式的系统，那么冷水机组冷凝器会经常出现结垢问题。

冷凝器侧结垢通常会带来换热不好的影响，基本原则就是如果冷凝器的温度上升5℃，会导致制冷能力下降5%，同时会导致能耗上升5%。

原则六：避免冷却塔结垢。冷却塔因为是开放的，所以会发生结垢、侵蚀或者是生物生长的现象，都会严重影响冷却塔的换热效能。冷却塔需要定期检查。

在美国的公共建筑制冷空调系统中，单元机大概占70%，大部分单元机相比集中供冷系统寿命会更短一些。单元机的平均寿命是15年。所以在改造的时候，通常也会考虑如何利用更新的机会改造单元机。更换的一个大的原则就是尽可能把单冷的单元机改为热泵型的单元机。

总结一下美国高效机房的改造，通常的基本步骤如下：

第一步，正确评估建筑的冷热负荷。因为建筑已经投入运行多年，所以没有条件获得真实的负荷。如果是改造项目，可以从建筑自动控制系统（BA）中先获取相关数据，或者安装临时仪表。

第二步，根据真实的负荷去选用合理的设备。这些设备不但包括冷水机组，也包括水泵和冷却塔。不但是尖峰负荷，而且是要考虑部分负荷或者是经常运行的负荷下的配置。

第三步，仔细考虑所有部件的连接关系。冷水机组本身不是独立设备，更换需要考虑整体系统。

第四步，把效率低的设备更换为高效的设备。

第五步，仔细考虑在实际负荷下的运行策略，包括开机策略和冷却塔的运行策略。

第六步，制定合理的运维管理手段，确保设备的寿命。控制系统传感器要定时标定，PID控制回路需要定期监测，观察其稳定性。

1.2.3 中国高效制冷机房

在中国，集中式空调也是公共建筑的耗能大户，而在空调机房中制冷机房占空调能耗的 60%～90% 之间，主要取决于系统形式。以广东省为例，根据实际的测评结果，广东省公共建筑制冷机房平均 EER 在 2.5～3.5 之间。上海和北京等一线城市情况也差不多，极个别的建筑的制冷机房全年 EER 甚至低于 2 以下。

中国公共建筑的制冷机房和发达国家不同，无论是改造还是新建都受制于以下几方面的条件。

第一是普遍没有安装自控系统，或者自控系统并不工作。据统计只有 20%～30% 的建筑自控在投入使用 5 年之后还在正常工作。因为自控系统不工作，导致制冷机房系统的控制产生一系列的运行问题。

第二是大部分制冷机房的建设采用单点负荷计算，即制冷机房的设计是根据尖峰负荷设计的，并没有考虑全年的实际运行负荷变化，导致部分负荷率下系统的效率偏低。

第三是末端的执行机构普遍不工作。以空调箱为例，大部分的空调箱或风机盘管的末端水阀开度，并不会按照负荷的变化而变化。所以末端缺乏根据负荷调节水量的能力。

第四是在我国的制冷机房大量采用人工按照作息表的方式进行运行手动操作。因为缺乏能耗计量平台操作人员，以满足空调舒适为主，操作工对能耗的使用并不是特别在意和关心。

在中国建造高效制冷机房，通常从以下十个方面着手。这些方法和方式和国外的高效机房建设基本类似。但是考虑到我国的实际情况，有所调整。

第一是优化冷水机组的选型与配置。根据全年负荷的计算进行不同冷水机组的选型，通过模拟计算来确定最终的方案能效和冷水机组的容量与台数。尤其是在部分负荷的时候，充分考虑配置小型或者是变频冷水机组。

在选择冷水机组的时候，一方面尽可能选择 COP 较高的冷水机组，另外一方面要考虑换热器的阻力，尽量使用换热器阻力较低的变频冷水机组。

第二是优化系统的阻力。机房在同样的位置也尽量减少局部阻力对系统阻力的影响，比如避免直角弯头，改为盾形弯头。传统的 Y 形过滤器。往往阻力过高，建议考虑采用篮式过滤器。其过滤孔面积比通径管面积大于 2～3 倍，远远超过 Y 形、T 形过滤器过滤面积。所以阻力更小。

第三是优化冷却塔的选择。冷凝温度每降低一度，冷水机组的效率通常可以提高 2% 左右。在传统的制冷机房设计的时候，冷却塔的逼近度一般是 4℃。但是如果在条件允许的时候，不一定要完全按照湿球温度 28℃ 来运行设备。冷却水供回水温差可以考虑按照 32℃ 与 37℃ 去选型。逼近度在有条件的时候，甚至可以调整为 3℃。

第四是优化水泵的选择。根据中国的公共建筑规模大小的特点，冷水泵的扬程通常为 30～40m，但是如果充分考虑到了使用低阻力的冷水机组，进行水力系统的优化之后，冷水泵的扬程可以降低为 25m 左右，而冷却水泵的扬程也通常可以从 28m 左右降到 20m 左右。如果冷水侧的供回水温差采用 8～10℃ 大温差运行的时候，冷水泵的流量也可以直接降低 30%～50%，所以综合流量和扬程两方面的因素，水泵的功率大体可以降低 50% 以上。

第五是变频控制。中国大部分的公共建筑分为裙房和塔楼两部分，因此水系统最常见的是一次泵变频系统、一次定频加二次泵变频系统和一、二次泵全变频系统。随着变频器的价格变得越来越便宜，总体而言，全变频方案最优。但是需要模拟和综合考虑在各种运行条件下的综合效率。

第六是严格避免大流量小温差，尽量提高冷水供回水温差，减少流量。传统设计中冷水供回水温差一般为 5℃，例如 7℃/12℃ 或 5℃/10℃ 两种方案。

但在实际运行中，冷水供回水温差经常只有 2℃。在选型的时候，设计师通常会放大水泵扬程的选择，造成冷水流量过大，系统小温差运行。但是在使用变频水泵之后，也未必能够降低水流量，实现小温差运行。由于末端设备出力不足，无法调节水量，或者末端设备的阀门并没有进行自动节流控制，导致系统的水流量一直处在设计工况的最大值。

要避免大流量小温差运行，除了安装变频器以外，还需要系统考虑末端可能出现的各种条件和因素。比如避免末端换热设备选型过小，最不利环路管路平衡，或者是阀门控制带来的一系列问题。

对于高效机房冷水的供回水温差，可以考虑为 8℃，即 5℃/13℃ 供回水，或者 7℃/15℃ 供回水。根据过往的工程经验，在 8℃ 供水情况下，如果末端设备的选型合理，在实际工程中是可以保证房间的舒适度的。

第七是提高冷水机组控制水平。在中国，大量的制冷机房采用人为经验控制，而不是依赖自控系统控制。而人为经验往往高度依赖运维人员的水平和工作认真努力的程度。

不同类型冷水机组效率在不同的工作状态点下是不一样的。对于定频离心式冷水机组，系统处在接近 100% 负荷运行下更优。对于变频离心式冷水机组最佳的工况，最佳状态点是在 50%～70% 负荷之间。如果负荷明显高于 70% 或者严重低于 50%，那变频本身的意义也就不大了，说明最小负荷或者台数控制出了问题。

最近一些年国内流行的磁悬浮冷水机组对于冷却水的敏感要求差异更大。这些如果只是口口相传，运维人员很难长期保持冷水机组一直处在高效运行的状态。更有效的控制方法，还是应该将控制逻辑明确地写在运维手册中。

第八是提高台数控制水平。因为在中国大部分冷水机组都是靠人工方式控制，所以机器的启停时间和启停的台数就变得非常重要。

传统上的人工控制方法是按照季节划分。比如在 6、7、8 月给出不同的开机时间，主要是在保证公共建筑人员进入之前，建筑环境达到一个合理舒适的水平。但是这些开机时间经常因为个别极端天气的变化而被打乱。开机时间根据室外气象温度自动调节更为合理。这些需要现场人员积累经验，明确写到运维手册中去。当然总体而言，在台数控制方面靠人为经验，总是不如写入自控的控制逻辑可靠，控制逻辑可以根据负荷的变化来自动调节。

第九是执行冷水温度重设。当室内负荷变小的时候，操作人员应该逐步提高冷水供水温度。在适度控制允许的条件下，最高可以提到 13℃。提高冷水温度可以显著改善冷水机组的 COP。但需注意的是，冷水出水温度过高会影响末端换热，降低换热温差，增加冷水流量，因此需综合考量来确定出水温度的取值（分析见 6.3 小节）。

第十是严格制冷机房的维护保养。机房的保养对能耗直接影响来自于三个方面，第一是由于开式冷却塔，开式冷却塔会导致冷水机组运行一段后冷凝器内大量结垢影响换热效率。第二是来自于传感器的标定，冷水、冷却水传感器的温度的准确测量对优化控制起到了非常关键的作用，这就需要定期保养和维护传感器。第三，在中国大部分的自控系统在一次安装之后并没有给出充分的预算做系统的升级和保养，由于控制系统是电控系统，随着时间的推移，无论是控制单元还是网络系统，随时都需要进行维护和保养，保证执行机构传感器和控制器的信息传输。

总的来说，根据中国大量的高效制冷机房工程实际案例表明，与传统机房相比现在的高效机房能耗可以降低 50% 以上。但要实现这个目标，就需要在设备的采购、设计配置以及运维和 DDC 的维护等全过程全面把关。高效机房的理念需要在设计改造和安装运维全过程的实施。如果每个环节都能做好，制冷机房的运行效率可以比现在提高一倍以上。

第2章 高效机房的设计建造

2.1 高效机房的定义与评价标准

高效机房的概念来自海外，在美国、新加坡等对节能要求更高的国家率先兴起。近年来在国内暖通空调市场上，广东率先制定了针对高效机房的设计建设规范，辖区内建设的几个高效机房呈现出优秀的节能和运行高效的特性，高效机房的概念和做法被越来越多的业内专业人士和业主认可，应用领域也越来越广泛。

高效机房主要有三大重要组成部分，一是高效的设备，主要包括冷水机组、水泵、冷却塔等空调机房主要的能耗设备；二是高效输配系统，保证在系统运行过程中既能满足所有末端需求，又能尽可能减少系统阻力以降低动力设备能耗；三是智能控制系统，包括可靠的末端执行设备，高精度的传感设备以及智能优化运行策略，这是保证空调系统持续高效运行的关键。高效机房项目需要全过程的管理服务，从方案设计、系统应用、安装调试、维护管理等都需要关注，任何一个环节的缺失都可能影响最终的使用效果。优秀的方案设计是保证高效机房实施质量的关键第一步，区别于传统较粗放的暖通设计流程，高效机房需要更精细的设计方法：精准计算全年动态负荷，分析部分负荷分布特征，选择合适的机组适配方案，制定优化运行策略等。

高效机房的一个重要评价指标是能效比（EER，energy efficiency ratio）。它被广泛运用在我国的制冷行业中。但其实 EER 是一个很宽泛的术语，可以被广泛地理解为一个用于评价制冷设备或者制冷系统的投入产出比的值。在不同的标准中，EER 也被赋予了各种具体的含义。如在《屋顶式空气调节机组》GB 19577—B006 中，第 5.2.18 条规定："能效比（EER）：实测制冷量和实测制冷消耗功率之比"。又比如在《多联式空调（热泵）机组》GB/T 18837—2015 中，第 3.11 条规定："制冷能效比（EER）energy efficiency ratio：在规定的制冷能力实验条件下，机组制冷量与制冷消耗功率之比，其值用 W/W 表示"。可以总结，在不同的标准中，EER 所呈现出的具体含义在细节上存在着差异，但是整体含义依然有一个很明确的指向。

笔者认为关于高效机房中提及 EER 的具体解释可以参考由中国工程建设标准化协会编写的《高效制冷机房技术规程》T/CECS 1012—2022。其中对 EER 的规定出现在第 2.0.3 条："制冷机房系统能效比（EER）energy efficiency ratio of chilled-water plant system，指设计或指定工况下，制冷机房系统制冷量（kW）与设备总功率（kW）的瞬时比值，设备包括冷水机组、冷水泵、冷却水泵和冷却塔"。与评价瞬时性能相对应的还有制冷机房系统综合能效比（EER_a），指实际运行工况下，制冷机房系统全年累计制冷量（kWh）与设备全年累计用电量（kWh）的比值。与单纯的标准工况下的冷水

机组性能系数 COP、综合部分负荷性能系数 $IPLV$ 相比，制冷机房系统平均能效比能真实地反映制冷机房在实际建筑中运行效率的高低。而目前中央空调机房系统的如大流量、小温差、冷却水冷却不充分、控制不完善等弊病都能反映在制冷机房能效比这一实际运行指标中。

国内外已针对高效制冷机房的设计建造提出了一系列的标准。就国内而言，广东省首先出台了《集中空调制冷机房系统能效监测及评价标准》DBJ/T 15—129—2017。规定制冷机房系统全年平均设计或运行能效比不低于表 2-1 的最低要求时，等级分别为一级、二级、三级。

制冷机房系统能效要求 表 2-1

系统额定制冷量（kW）	系统能效等级	系统能效比最低要求
<1758	三级	3.2
	二级	3.8
	一级	4.6
≥1758	三级	3.5
	二级	4.1
	一级	5.0

其次是中国工程建设标准化协会于 2022 年发布的《高效制冷机房技术规程》T/CECS 1012—2022。根据制冷机房系统综合能效比（EER_a）的现场测试结果进行等级划分和评价，见表 2-2。标准指出，根据目前调研的数据，国内外多项标准将系统能效比 5.0 作为高效机房的判定依据，国内高效制冷机房的系统能效比普遍能达到 5.0 以上，因此将 5.0 作为判定是否为高效机房的最低限定值。

高效机房能效等级 表 2-2

热工分区	能效等级		
	1 级	2 级	3 级
	（EER_a）W/W		
夏热冬暖地区	5.5	5.0	4.5
夏热冬冷地区	5.7	5.2	4.7
寒冷地区	6.0	5.5	5.0

除了高效机房的整体能效 EER_a 外，制冷机房附属设备综合耗电比（λ_a）、冷水机组综合性能系数（COP_a）、冷水输送系数（WHF_{chw}）、冷却水输送系数（WHF_{cw}）和冷却塔散热系数（WHF_{ct}）均是高效机房的评价指标。其中系统的冷水输送系数、冷却水输送系数等应符合《空气调节系统经济运行》GB/T 17981—2007 的规定。

制冷机房综合能效比 EER_a 与冷水机组性能系数 COP 之间的关系可以用以下公式表达：

$$EER_a = COP \times (1-\lambda) \tag{2-1}$$

其中，λ 是除冷水机组外的附属设备（包括冷水泵、冷却水泵、冷却塔）的综合耗电占比。要想提高 EER_a，需同时提高冷水机组性能系数和降低附属设备的耗电占比。

根据实践统计，高效制冷机房中冷水机组耗电占比应达到 80% 以上，冷水泵耗电占比 7%～10%，冷却水泵耗电占比 6%～8%，冷却塔耗电占比 3%～5%。

在国外比较有代表性的是美国供热、制冷与空调工程师协会（ASHRAE）和新加坡建设局的做法。

ASHRAE Journal 在 2001 年发表了《All-Variable Speed Centrifugal Chiller Plants》，并给出了制冷机房能效的等级划分（图 2-1），该文章被后续学者和文献广泛引用。但需要指出的是，这篇文章的论述对象并非针对高效机房，而是为了说明变频冷水机组、变频水泵对制冷系统能效的提升作用，文章中提及的制冷系统评价指标计算方法和运行工况与现行国内标准有差异，并不适合同类对比。该文章中提及的制冷机房年度平均能效比的计算公式为制冷量与冷水机组、冷却水泵与冷却塔风机用电量之和的比值，不包括冷水泵的耗电量。此外，冷水机组名义工况冷水出水温度 5.6℃，冷水机组冷却水进水温度不高于 29.4℃。

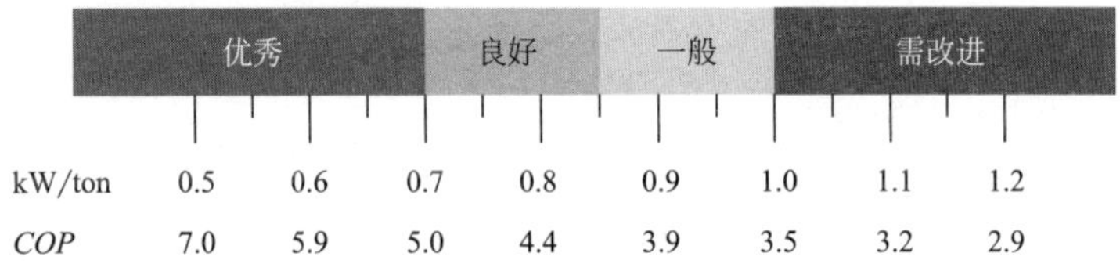

	优秀	良好	一般	需改进
kW/ton	0.5　0.6　0.7　0.8	0.9	1.0　1.1　1.2	
COP	7.0　5.9　5.0　4.4	3.9	3.5　3.2　2.9	

全年制冷能效，设备包括冷水机组、冷却水泵、冷却塔，冷水机组出水温度为 5.6℃，

开式冷却塔最高出水温度为 29.4℃

图 2-1　美国 ASHRAE 制冷机房的评价标准

新加坡建设局出台了《空调与机械通风实施标准》（Code of practice for air-conditioning and mechanical ventilation in buildings，SS 553-2016），该规范首先以 500RT 冷量将制冷机房的总装机容量进行了划分，分为装机容量<500RT 和装机容量≥500RT 不同体量的制冷机房，再根据机房的 EER 自低到高分为金级、金+级和铂金级，见表 2-3。

新加坡制冷机房评价标准　　　　　　　　　　　　　　　　　　表 2-3

总装机<500RT		总装机>500RT	
能效评级	EER（W/W）	能效评级	EER（W/W）
铂金级	5.17	铂金级	5.41
金+级	5.02	金+级	5.17
金级	4.40	金级	5.17

对于数据机房，通常用 PUE 来评价空调系统能效，计算公式为：

$$PUE = (P_{IT} + P_{制冷} + P_{供配电} + P_{安防})/P_{IT} \tag{2-2}$$

PUE 是数据中心消耗的所有能源与 IT 负载使用的能源之比。其中，数据中心总能源消耗包括 IT 设备的能源消耗、制冷系统的能源消耗、供配电系统的能源消耗和安防系统的能源消耗等。PUE 数值越接近于 1，其数据中心的能源利用率越理想。提高数据中心能源利用率就是要降低数据中心 PUE 值，即在数据中心 IT 设备总能源消耗不变的情况下，尽可能地降低非 IT 设备的能耗，包括制冷系统、供配电系统、安防系统等，采取的措施主要是新的制冷技术、使用转换效率更高的配电设备以及优化机房气流组织减少冷量浪费，在建筑设计上降低能耗主要是通过提高建筑保温性能，采用热回收技术和智能照明技术等。

2.2 高效机房的设计建造原则

在高效中央空调制冷机房的设计中，应该认真分析中央空调系统的架构，针对不同应用形式、不同负荷需求的系统特点，进行针对性分析和设计。

中央空调系统的负荷变化较大，组成设备较多，设备之间的耦合工况较多，在设计中，一定要针对系统特点，进行综合优化设计。避免出现工艺参数不匹配，系统调节性差，对负荷的响应不及时、不合理等情况的出现。

2.2.1 基于服务对象的机房设计原则

中央空调系统常用于舒适空调、工艺空调、数据中心等领域中不同的空调系统，对于机房设计的要求有很大不同。

（1）舒适空调

舒适空调的应用场所主要包括写字楼、宾馆、商业综合体、剧院、轨道交通场站、学校、医院普通病房等场所，主要目的是通过调节空气的温、湿度和空气品质，满足人员对生活环境舒适度的需求。

舒适空调的机房设计，除了要满足末端的温度调节外，还需要满足末端湿度处理的能力，需要根据末端的需求，来确定系统的供回水温度，并在此基础上，选择与之相匹配的高效设备和高效控制器，并采用相应控制算法及控制逻辑。

在舒适空调的设计规范中，冷水机组的供水温度一般为 6℃ 或 7℃，温差为 5℃ 或 6℃，此参数在大部分情况下完全能满足舒适空调对温湿度的处理要求。但是在实际应用中，随着室外气象条件和室内负荷的变化，负荷的热湿比会发生变化，冷水机组的供能能力应能够根据负荷变化进行调整，在满足系统需求的基础上，提升冷水机组能效。

（2）工艺空调

工艺空调系统是为了满足工艺要求的制冷、供暖、湿度控制、洁净控制的空气调节系统。

工艺空调对控温温区、空气含湿量、洁净净化、新风量等有更严苛的要求，相应的制冷机房的进出水温度要求与舒适度要求不同，需要根据实际工况，选择相应温区效率较高的设备。

如：典型的 IDC 数据中心的空调系统，根据 IDC 机房的送风方式不同，冷水机组的出水温度在 15～20℃ 之间，要根据相应要求，选择在此温区效率最高的设备。

不同地域的气候因素对暖通设备的选型影响巨大，中国大地幅员辽阔，由于地域气候的特殊性，决定了建筑冷热负荷变化区间极大，从而也决定了设备的功率负载和制冷制热需求变化也巨大。

通常，根据国内的气候条件，将空调工况划分出四个主要区域：夏热冬暖地区、夏热冬冷地区、寒冷地区、严寒地区。在这些地区分类中，建筑物的冷热负荷变化较大。夏热冬暖地区，应主要考虑制冷工况下的机组效率。以选择离心式冷水机组或磁悬浮冷水机组为主。

2.2.2　冷水机组容量配置

在中央空调系统中，受气候环境、阳光辐射、人员分布等因素影响，末端负荷变化较大，而冷水机组选型时的设计负荷值往往是各房间累计最大负荷值，但在实际运行过程中，冷水机组绝大部分处在部分负荷情况下运行，故在设备选型过程中，要充分考虑满足部分负荷条件下，实现制冷机房的全时段高效运行。基于负荷可调配的原则，在选择冷水机组容量、冷水泵选型和水系统方式等方面，需要充分考虑负荷变化的因素，保证制冷机房在负荷覆盖范围内实现持续的高效运行。

与普通制冷系统设计不同，高效机房的冷水机组配置需同时满足以下几个要求：

（1）总容量满足建筑处于峰值负荷的冷量需求；

（2）满足加班、过渡季等部分负荷下高效率，全年运行综合效率满足要求；

（3）满足检修、故障等特殊情况下的冷量供应，一般要求当一台冷水机组故障时，其余冷水机组的容量不小于总容量的70%～80%。

图2-2、图2-3、图2-4分别是夏热冬冷地区商业、办公和酒店建筑典型制冷部分负荷率分布图。不难发现，不同的建筑类型由于其运行时间和使用强度的差异展现出不同的部分负荷分布特征。一般来说，一年中商业建筑只有较少时间处于峰值负荷状态，因此冷水机组长时间处于部分负荷运行状态，酒店建筑空调系统由于全天24h处于运行状态，其低负荷状态占据的时间更长。

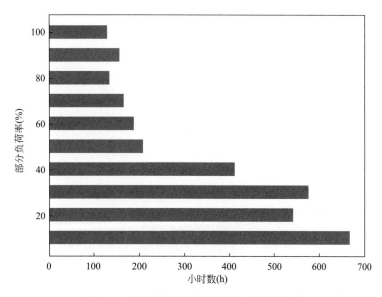

图2-2　商业建筑典型制冷部分负荷率分布

因此要实现高效机房的性能目标，一方面要选择制冷效率更高（特别是部分负荷效率）的机组；另一方面也要根据末端负荷的变化范围，通过合理的大小机组组合配置，

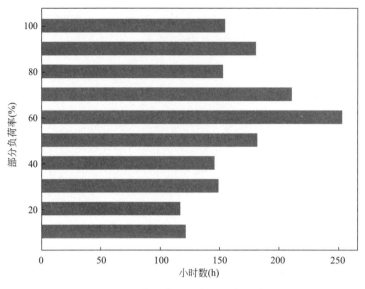

图 2-3　办公建筑典型制冷部分负荷率分布

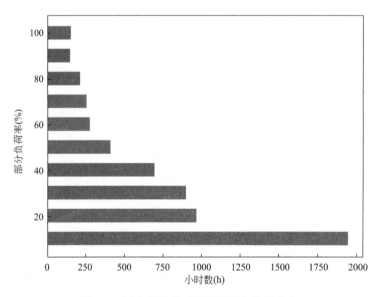

图 2-4　酒店建筑典型制冷部分负荷率分布

以及考虑搭配热泵机组，在低负荷段实现灵活高效的运行组合，在满足典型负荷范围高效的同时，实现全负荷范围的高效。

对于冷水流量不可变或变化范围较小的冷水机组，其所供应的冷水流量可看作一个"阶段函数"，如图 2-5 所示。而负荷侧的流量需求变化则比较接近"线性函数"如图 2-6 所示，当二通阀随着负荷的变化做调整时，流量也相对地跟着改变。机房内的冷水机组台数愈多，冷源侧冷水流量的阶梯变化幅度也就愈小。若用不同容量的冷水机组做组合，则每个步阶的增加量也会变小，如图 2-7 所示。冷水机组台数愈多且容量愈不同，不同尺寸冷水机组组合，其流量的变化也就愈接近线性，如图 2-8 所示，可以实现更接近线性的运转变化，降低了部分负荷下整个制冷机房的运转成本。若冷水机组又具备变频的功能，则可使曲线更平缓，几近于线性，如图2-9所示。这些设备可能会增加初期的投资成本，但冷水机组的变频却会大大地改善系统的效率。

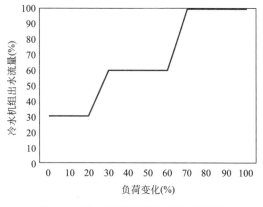

图 2-5 冷水机组所供应的冷水流量

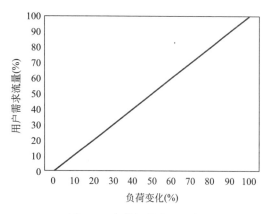

图 2-6 负荷侧的流量变化

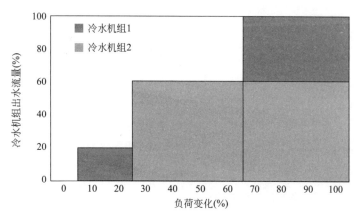

图 2-7 不同尺寸的冷水机组供应流量

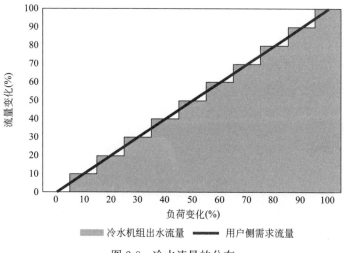

图 2-8 冷水流量的分布

15

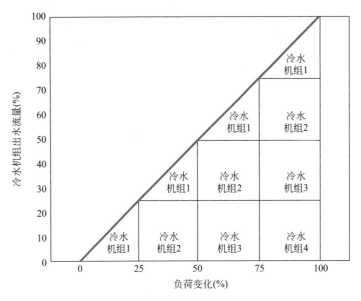

图 2-9　变频冷水机组组合的出水流量

对于一次泵变流量系统，流经冷水机组的流量也发生变化，蒸发器侧的换热状况也发生变化，在实际运行过程中，需保证冷水机组的最小流量，避免冷水机组保护性卸载直至停机。选择蒸发器流量许可变化范围大、最小流量尽可能低的冷水机组，如离心式冷水机组蒸发器流量范围 30%～130%，螺杆式冷水机蒸发器流量范围 45%～120%，选择最小流量小于额定流量的 50% 的冷水机组；选择蒸发器许可流量变化率大的冷水机组，每分钟许可流量变化率宜大于 30%。同时需要监控机组的最小流量，避免机组跳机。采用蒸发器流量可在较大范围内变化的机组，有利于冷水机组的加、减机控制，节能效果明显。

2.2.3　高效机房的设备性能要求

冷水机组、冷水泵、冷却水泵及冷却塔是中央空调系统的主要耗能设备，因此，打造高效制冷机房应设计选用高效的冷水机组、高效的变频水泵、风机变频的冷却塔等。高效机房实施阶段设备的选型至关重要，本节将详细介绍冷水机组、水泵、冷却塔和板式换热器的选型原则和性能要求。

1. 冷水机组性能要求

冷水机组是高效机房中的核心用能设备，目前工程中常用的为离心式冷水机组和螺杆式冷水机组。冷水机组的配置和选型应根据全年负荷分布特点进行分析和选择，保证冷水机组在各负荷率下均处于高效率运行状态，避免大马拉小车。冷水机组设备选型时，可参考下述原则进行选型。

（1）冷水机组的性能系数（COP）及部分负荷性能系数（IPLV）应满足节能规范要求及项目冷源方案中所明确的机组能效要求。

（2）冷水机组应选用满足《冷水机组能效限定值及能效等级》GB 19577—2015 标准中 1 级、2 级能效认证的产品，优先选用 1 级能效的冷水机组，如表 2-4 所示。针对有能效承诺的高效机房项目，还应结合机房最低能效来确定冷水机组性能。

冷水机组能效等级指标 表2-4

类型	名义制冷量 CC(kW)	能效等级			
		1	2	3	4
		IPLV (W/W)	IPLV (W/W)	COP (W/W)	COP (W/W)
风冷式或蒸发冷却式	CC≤50	3.80	3.60	2.50	2.80
	CC>50	4.00	3.70	2.70	2.90
水冷式	CC≤528	7.20	6.30	4.20	5.00
	528<CC≤1163	7.50	7.00	4.70	5.50
	CC>1163	8.10	7.60	5.20	5.90

类型	名义制冷量 CC(kW)	能效等级			
		1	2	3	4
		COP (W/W)	COP (W/W)	COP (W/W)	IPLV (W/W)
风冷式或蒸发冷却式	CC≤50	3.20	3.00	2.50	2.80
	CC>50	3.40	3.20	2.70	2.90
水冷式	CC≤528	5.60	5.30	4.20	5.00
	528<CC≤1163	6.00	5.60	4.70	5.50
	CC>1163	6.30	5.80	5.20	5.90

（3）冷水机组冷媒应采用环保型冷媒，常见的环保型制冷剂有R134a、R410A、R407C等。

（4）为降低水泵扬程和水泵运行能耗，高效机房应选择低阻力的冷水机组，选型时，冷水机组蒸发器和冷凝器的压降不宜大于60kPa，不应超过80kPa。

（5）冷水机组需按设计冷水供/回水温度选型，冷凝器进出水温度宜按照32℃/37℃选型。

（6）冷水机组选型应提供对应不同冷却水温、不同冷水水温以及不同负荷率下的全工况COP，以供测算高效制冷机房的全年运行COP，并确定冷水机组的高效运行策略。

（7）冷水机组蒸发器的污垢系数按0.018（m²·℃）/kW选型，冷水机组冷凝器的污垢系数按0.044（m²·℃）/kW选型。

（8）冷水机组控制系统应响应机房群控系统要求，机组应自带开放式的通信接口和协议（Modbus或BACnet通信协议），并提供协议地址表，可与群控系统联网通信。可根据用户需求进行制冷机组控制和参数设置，自动开机、停机以达到节能效果。

2. 水泵的性能要求

空调水泵是为空调循环水提供动力的设备，需根据空调系统所需流量和扬程选择水泵。空调系统一般采用离心式水泵，离心式水泵具有结构简单、体积小、效率高且流量和扬程在一定范围内可以调节等优点。

循环水泵的形式分为卧式泵和立式泵。卧式泵的优点是效率高、拆装方便和便于维修，缺点是占地面积大。立式泵优点是占地面积小，缺点是维修麻烦。卧式泵适用于大流量小扬程系统，空调系统中应用较多。空调水泵设备选型时，可参考下述原则进行选型。

（1）空调冷水泵、冷却水泵采用多泵并联变频控制技术，每台变频水泵应配置变频电机。根据冷水机组开机台数及其所需的额定流量，结合水泵性能曲线及效率曲线实时确定水泵运行状态，在末端负荷变化的情况下，变频空调水泵可根据供回水温差/最不利环路的供回水压差控制水泵转速，节能优势明显。

（2）冷却水泵的流量按冷水机组冷凝器额定流量选取，冷水泵的流量按冷水机组蒸发器额定流量选取。

（3）考虑压力损失计算的不精确和后期现场施工变化，冷水泵和冷却水泵的扬程富裕系数取5%～10%。

（4）水泵选型应控制进口流速不大于4m/s。

（5）选择高效率的空调水泵，选型水泵的工作点效率不宜小于80%。

（6）为避免高转速时水泵振动和噪声过大，水泵转速不应超过1450r/min。

（7）根据水泵流量大小选择不同类型的水泵，流量<500m³/h的水泵宜选用单级端吸泵，流量≥500m³/h的水泵宜选用单级双吸泵。

（8）水泵及其电机的效率应具有二级能效及以上标识。

水泵的Q-H特性曲线应是随流量增大，扬程逐渐下降的曲线。应根据管网水力计算进行选泵，水泵的选型应保证其大部分工作时间应在其高效区内运行，变频水泵在额定转速时的工作点，应位于水泵高效区的末端。以图2-10中某项目变频水泵选型为例，水泵设计流量为280m³/h，扬程为25m，A点为设计工况点，水泵高效区域位于A点的左侧。

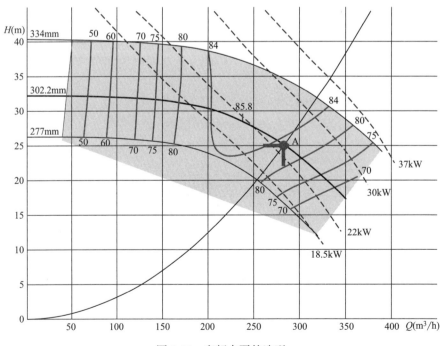

图2-10 变频水泵的选型

3. 冷却塔性能要求

冷却塔通常以水等液态介质为循环冷却剂，利用水与空气（直接或间接）的传导和蒸发进行散热，用于主机系统的水冷却。

冷却塔由不锈钢塔体以及其他外部支撑组成框架，特制的波浪形 PVC 填料为水和空气的换热提供了尽可能大的面积；

冷却塔按通风方式可分为自然通风冷却塔、机械通风冷却塔；按照盘管封闭方式可以分为开式冷却塔和闭式冷却塔。

影响冷却塔换热效率的主要参数有：空气湿球温度、空气干球温度、冷却塔进水温度、冷却塔出水温度、水流速度、空气流速。

在高效机房系统中，参与运行控制的参数有：冷却塔供回水温差、冷幅（也叫逼近度）、效率、补给水量、冷却水流量等。

冷却塔选型需要注意冷却水温差、逼近度、效率、容量和补水量等。冷却塔飞溅损失量由冷却塔设计形式、风速等因素决定。一般正常情况下，其值约等于循环水量 $0.1\%\sim0.2\%$。开式冷却塔初期的投入比较的少，但是水耗、电耗等运营成本较高。闭式冷塔可以在恶劣环境中使用，可以冷却各种介质，比如水、油类、醇类等，介质无损耗且成分稳定，而且能耗较低。缺点是闭式冷却塔造价较高。

冷却塔布水器根据作用力与反作用力的原理，布水管受到与水流方向相反的作用力而旋转，使水流不停地分布到冷却塔的填料上。水附着填料表面成水膜状流动，增大了水汽接触界面，空气在塔内与水流逆向流动进行热交换，使一部分水汽化，带走热量，起到降低水温的作用。

冷却塔设备选型时，可参考下述原则进行选型：

（1）宜选用低噪声方形横流冷却塔，冷却塔散热量按对应冷水机组冷凝器散热量的 $1.1\sim1.25$ 倍确定。

（2）选型冷却塔应满足 CTI 认证，以保证冷却塔设备符合制造厂商提供的热性能数据。CTI 认证指冷却塔实际出力与标定出力 100% 负荷的认证，对冷却塔的热性能进行认证。

（3）冷却塔应配置变频风机或双速风机，控制逻辑应考虑制冷系统整体效率最优。冷却塔采用变频风机时，风机频率可根据冷却水出水温度调节，同时随着冷却水出水温度的降低，冷水机组的性能系数会提高。

（4）冷却塔选型时，选型湿球温度不可低于当地夏季空调室外计算湿球温度，且应满足逼近度的要求。逼近度是指冷却塔出水温度与湿球温度的差值，冷却塔的逼近度越小，说明它的冷却效果越好。冷却塔选型逼近度应根据项目所在建筑热工分区确定，夏热冬暖/夏热冬冷地区按 $\leqslant3\text{℃}$ 计算、严寒/寒冷/温和地区按 $\leqslant4\text{℃}$ 计算。

（5）若冷却塔放置位置通风散热效果不良或冷却塔周围设置消声百叶等降噪措施且影响冷却塔散热时，需考虑进风返混引起的进风湿球温度升高的影响，进一步修订选型湿球温度取值。

（6）为降低水泵扬程和水泵运行能耗，高效机房应选择低阻力的冷却塔，冷却塔压降宜控制在 50kPa 以内。

（7）常规冷却塔在低水量时，由于布水不均，造成大量换热面积浪费。应选用变流量冷却塔，布水喷头可自动根据水压进行均匀布水，达到充分换热的效果。

4. 板式换热器性能要求

板式换热器具有换热效率高、热损失小、结构紧凑轻巧、占地面积小、使用寿命长等特点，在空调水系统中应用较多。板式换热器设备选型时，可参考下述原则进行选型。

（1）选型板式换热器应满足 AHRI 认证。

（2）板式换热器的换热板片材质应采用 316 不锈钢。

（3）板式换热器应按高传热效率设计，以达到冷水板式换热器及免费冷却板式换热器两侧 1～2℃的换热温差。

（4）板式换热器在正常运行时板面出现结垢会影响换热效果，换热器选型时除按换热功能要求提供所需的换热板面积外，仍须额外提供 10％的换热板面积。

（5）板式换热器的换热功能需作足够的预留，在无需对框架、导杆及锁紧螺杆作任何改动的情况下可容许增添相等于原换热功能 20％的换热板片。

2.2.4 高效机房的阀门选择

阀门在空调系统中起流量调节作用，能够使冷量按末端需求供应。但同时阀门也是主要局部阻力设备，因此阀门的合理选择对于保证末端舒适度和降低水泵能源消耗非常重要。由于末端的水力调节对水系统整体性能有重要影响，因此本章节讨论空调水系统的阀门应用，而不仅限于制冷机房内使用的阀门。

1. 空调水系统阀门分类

阀门种类非常多，笔者从阀门功能、阀体运动的动力来源、阀体外形和内部结构等几个方面分类总结，见表 2-5。另外，针对阀门对空调水系统的调节作用和原理也进行了梳理总结，见表 2-6。阀门实物图参见图 2-11。

空调水系统常见阀门分类 表 2-5

分类		说明	对应场景
功能	开关阀	仅起到开关通断的作用，无法连续调节流量	各分支管、设备水管进出口，方便关断检修
	调节阀	可以通过阀芯位置的改变对流量起到动态连续调节作用	设置于换热盘管回水管调节流量，分集水器之间的旁通阀
动力来源	手动式	手动调节阀芯到预期位置，在运行过程中阀芯位置保持不变	静态平衡阀
	机械自力式	无需外加能源，被测流体自身压力、温度或者流量的变化驱使阀体内部的弹簧、膜片等弹性元件活动，从而实现阀体的流量调节或平衡功能	动态压差平衡阀、动态流量平衡阀
	电动式、气动式	需要电力等外加能源实现阀芯的运动从而调节流量	电动调节阀、动态平衡电动调节阀、电磁阀、气动阀等，其中动态平衡电动调节阀也含有自力式弹性结构用于稳定压差

分类		说明	对应场景
阀体结构	蝶阀	阀芯是圆盘,围绕轴旋转来改变流量,主要起关断作用,部分工作范围内也可起到粗略的快开型调节效果	冷水机组、水泵、冷却塔等设备进出口,用于设备运行切换和关断检修
	球阀	阀芯是非实心球体,球体上开有与一个管道直径相等的通孔,阀门工作时球体转动从而改变流量通道大小改变流量,根据阀芯球体结构的不同起调节、关断作用	末端小管径分支管的关断用普通球阀,带配流盘的球阀可作为调节阀使用
	座阀	利用一个塞形的阀瓣沿着阀座中心上升下降运动调节通道大小改变流量,可起到流量调节和有限压力下的关断作用	调节性能较好,被用来调节流量
	闸阀	阀芯是一个闸板,相对于管道和流体上下做垂直运动,主要起关断作用	在小口径管路(一般 $DN50$ 以下)用于关断作用

(a) (b) (c) (d)

图 2-11　阀门实物图

(a) 蝶阀;(b) 球阀;(c) 座阀;(d) 闸阀

阀门对空调水系统的调节功能分类　　　　　　　　　　表 2-6

调节种类	调节原理	阀门安装位置
静态平衡调节	通过调节自身开度,改变所在管路的局部阻力,调整各支管的静态阻力比值,使系统各支管在设计工况下达到水力平衡	一般采用调节性能较好的阀,安装于分集水器出口或用户入口处
动态压差/流量平衡调节	调节水系统的动态水力失衡问题。当系统干管或部分支管流量改变时,保证被控支路的压差/流量保持恒定	动态流量平衡阀用于要求流量稳定的位置,以往常用于冷水机组干管处,现已很少使用。动态压差平衡阀用于变流量系统支路,屏蔽其他管路流量变化对被控支路的影响
流量通断调节	由室内温控器控制阀门的关闭和开启,使室温始终保持在设定的温度范围内。常用普通电动二通阀,通常采用柱塞阀或开关蝶阀。以及同时有稳定压差和通断调节的动态平衡电动二通开关阀	水流量采用通断调节的风机盘管回水管

续表

调节种类	调节原理	阀门安装位置
流量连续调节	根据末端对冷量的需求调节阀门开度,实现冷水流量的动态连续调节。常用有电动调节阀、动态平衡电动调节一体阀	空调箱回水管,连续流量调节的风机盘管回水管
关断	设备运行切换或检修时关断水路。可用球阀、截止阀、蝶阀、闸阀等	风机盘管、空调箱供回水管;分集水器、水泵、冷水机组等设备进出口

2. 制冷机房阀门的调节

制冷机房内使用的阀门种类较少,但却非常重要,直接影响到冷水机组、水泵等主要制冷设备的安全运行。如图 2-12 所示,以分集水器为界,机房内使用的阀门包括用于起关断作用的电动蝶阀、止回阀和压差旁通阀。

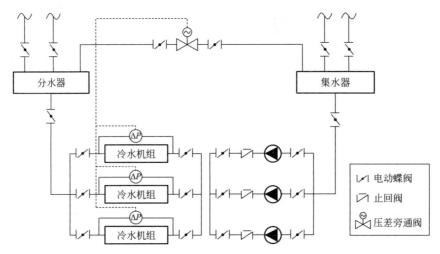

图 2-12　制冷机房阀门示意图

蝶阀适用于大口径管路,起到快速关断作用,一般采用电动蝶阀,安装在冷水机组、水泵、冷却塔等主要冷源设备的进出口,用于设备运行切换和关断检修。电动蝶阀需接入自动控制系统,且应具有失信保位的功能,即当丢失控制信号时应保持开启,否则若阀门关闭但水泵持续运行会引起安全事故。止回阀用于水泵出口,防止水倒流。为减小阻力,止回阀应采用流线型结构。

压差旁通调节阀位于分集水器之间,采用可实现线性流量调节的座阀。对于一次泵变流量系统,当系统正常运行时压差旁通阀处于关闭状态,当负荷持续减小,冷水流量小于冷水机组的最小允许冷水量才会开启,对冷水机组起保护作用。压差旁通阀根据冷水机组蒸发器两侧压差动作。对于一次泵定流量系统,压差旁通阀根据供回水总管压差动作。当末端负荷减小时,供回水之间的压差增大,旁通阀加大开度,旁通部分水量,保持压差稳定。

3. 末端阀门的水力平衡调节

空调水系统的水力失衡会导致末端冷量分配不均,部分区域过冷或过热,同时引起严重的能源浪费。空调水系统的水力失衡可分为静态水力失衡和动态水力失衡。要理解水力平衡首先需要明白系统中并联支路的流量分配原理，根据式（2-3），在并联管路系统中，流量平方与管路阻力系数成反比，即阻力越大，流量越小。

$$H = S_1 \times Q_1^2 = S_2 \times Q_2^2 = \cdots = S_n \times Q_n^2 \qquad (2-3)$$

（1）静态水力平衡调节

静态水力失衡指各个支路的固有阻力与所需流量不成比例。例如对于超高型建筑，高区和低区的管程相差较大，无法通过管径优化达到阻力平衡，若不设置任何阻力调节装置，必然造成高区流量不足，低区流量过剩，这就是静态水力失衡。静态水力失衡可通过两种方案改善，一是采用同程配管设计，每路支管的管长相近，阻力也相近。二是在管路上加静态平衡阀，额外给阻力小的管路增加局部阻力使其与所需流量匹配。同程式管路耗材较多，工程造价要高于异程式配管，且需要更多空间，实际工程中多采用局部水平同程配管，如图 2-13 所示，或异程配管配合静态平衡阀来调节各支管阻力。采用局部同程配管只需在主要支路上安装静态平衡阀，降低了调试工作量。

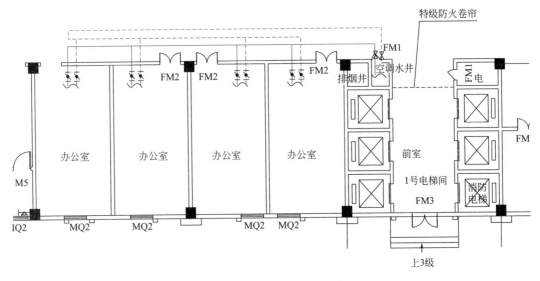

图 2-13　局部水平同程配管

如图 2-14 所示是静态平衡阀实物图，通过旋转手柄可调节内部阀杆到阀座之间的通道面积大小，从而实现所在管路的局部阻力调节。静态阀门前后有两个测压孔，调试时通过连接测试仪，检测通过阀门的实时流量，调节旋转手柄改变阀流量至需要的流量值。左侧的法兰连接型静态平衡阀适用于大口径管路，螺纹连接一般用于小口径管路。静态平衡阀一旦在调试阶段确定好开度后，后续系统运行过程中阀门开度不会自动调节。一般在末端使用工况发生重大改变时，如制冷和制热工况切换、末端功能区调整等，需要重新调节静态阀。

（2）动态水力平衡调节

如上所述，静态平衡阀的设置只能保证管路在设计工况下达到水力平衡，不能实时调节使各支路流量按末端需求分配。由于建筑内部各区域的负荷需求是动态变化的，冷

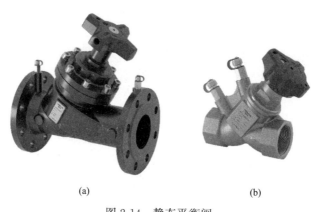

(a)　　　　　　　　　　(b)

图 2-14　静态平衡阀

（a）法兰连接型；（b）内螺纹连接型

水需求也时刻在变化，因此会在各支管上安装调节阀来调节冷水流量以满足末端冷量需求。动态水力失衡是在部分负荷下发生的，下面分析动态水力失衡的形成过程。

假设系统初始情况处于平衡状态，各支路流量分配正好满足需求，某时刻其中一个支路末端需求发生变化，该支路改变阀门开度以满足自身流量需求。此时该支路阻力与其余支路的阻力比例失衡，流量分配失衡，末端冷热不均。为了满足各自末端的冷量需求，所有阀门开始调节开度。根据流体力学原理，流经阀门的流量同时受阀门两端压差和流通面积（即阀门开度）影响。当所有阀门都开始动作，相互影响，阀门两端的压差处于时刻变化的状态，阀门开度无法与流量匹配，流量难以被精确控制，如此阀门始终在调节，但又无法满足末端流量需求，陷入恶性循环，形成动态水力失衡。

根据上述分析，解决动态水力失衡的关键是各支路的流量按需调节，而可调节的变量是阀门开度，那么需要固定住阀门两端压差来实现阀门开度与流量的一一对应，从而达到流量的精确调控，这时需要设置动态压差平衡阀，与调节阀搭配使用，保证调节阀两侧压差稳定。动态压差平衡阀通过内部弹簧伸缩维持被控支路的压差在一定范围内稳定。当系统的压差增大时，弹簧作用膜片向上移动，阀门自动关小，压差保持恒定；当压差减小时，弹簧作用膜片向下移动，阀门自动开大。压差平衡阀属于机械自力式，能对压差的变化很快做出响应，保证调节阀两侧压差稳定，使管路流量与阀门开度是一一对应的，从而实现流量的精确调节。

图 2-15 是动态压差平衡阀实物图，与静态平衡阀类似，动态平衡阀也有两个调试时使用的测压孔，用于调试时实时测量通过阀门的流量。伸出阀体的导压管将高压侧引入膜片。如图 2-16 所示，压差平衡阀的测压管连接方式有两种，一种是阀体安装于回水管，导压管插入供水管，此时压差平衡阀控制的是调节阀和换热盘管的压差之和稳定，实现整个支管的压力无关（不受外界压力流量变化影响）；另一种是压差平衡阀阀体和测压点位于电动平衡阀的两端，此时压差平衡阀仅控制调节阀两侧压差稳定。

第二种连接方式与动态平衡电动调节阀（简称一体阀）的功能是相同的。一体阀实物如图 2-17 所示，其内部采用特殊结构，同时实现了流量调节和压差恒定两个功能，而且一体阀的选型简单，阻力相对较小，在很多场合代替了调节阀和动态压差平衡阀的

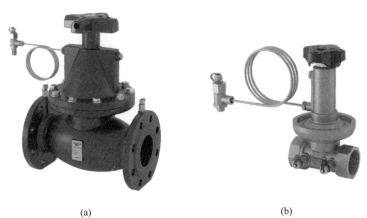

(a)   (b)

图 2-15   动态压差平衡阀

（a）法兰连接型；（b）内螺纹连接型

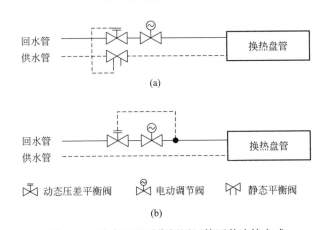

(a)

(b)

图 2-16   动态压差平衡阀测压管两种连接方式

（a）阀体安装于回水管，导压管插入供水管；（b）阀体安装于电动平衡阀两端

(a)   (b)

图 2-17   动态平衡电动调节阀（一体阀）

（a）法兰连接型；（b）内螺纹连接型

串联组合。

目前常见的动态压差平衡阀的使用场合如图2-18所示，安装在立管后的各层分支管处，消除主要分支管的压差波动。

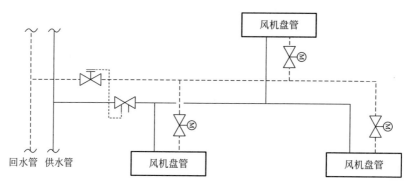

图 2-18　动态压差平衡阀安装位置

除了压差平衡阀，空调水系统中常用的还有流量平衡阀。流量平衡阀的作用是保证所在管路的流量在一定范围内稳定，以前常安装于冷水机组冷水进水或出水口管路上防止冷水流量过大过小。但项目实践表明，流量平衡阀的压损过大，会导致系统流量不足，增加水泵能耗，而且目前冷水机组能承受较大范围的流量变化，因此流量平衡阀已逐渐不被采用。

总结来说，平衡阀的应用为空调水系统的平衡提供了一种解决方案。各种平衡阀原理不同，作用也不同。静态平衡阀一旦设定，相当于局部阻力不会发生变化的节流元件，其控制对象为系统的阻力，静态平衡阀的调节可以保证各支路间的流量分配更加合理。压差控制阀控制的对象为系统的压力，当供回水管压力增大或减小时，控制阀开度变化，以保持差压的稳定，动态压差控制阀可将管路系统分成若干个相对独立的区域，区域间互不影响。动态流量平衡阀相当于局部阻力可以发生变化的节流元件，其控制对象为系统的流量，当压力处于允许范围内，流量不随压力变化，用于需定水量的支路，避免其他支路流量变化时对其的影响。

4. 阀门的流量特性

阀门的流量特性，是在阀两端压差保持恒定的条件下，介质流经调节阀的相对流量与它的开度之间关系。流量特性是调节阀的一种重要技术指标和参数。在调节阀应用过程中做出正确的选型具有非常重要的意义。一般分为直线式、等百分比式和快开式三种（图2-19）。

（1）直线式特性是指阀门的相对流量与相对开度成直线关系，即阀门单位开度变化引起的流量变化是线性的。

（2）等百分比式特性是指阀门单位开度变化引起相对流量变化与该点的流量大小成正比。即开度小，流量较小，单位开度引起的流量变化也较小；随着开度增大，流量较大，阀门开度变化引起的流量变化也变大。具有等百分比特性的阀门有带配速盘的调节

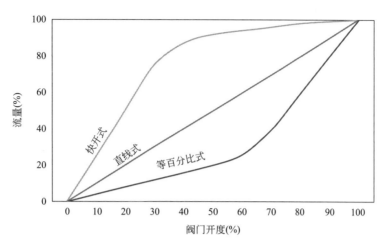

图 2-19　调节阀流量特性曲线示意图

型球阀、座阀。球阀适用于小口径管路，大口径管路使用座阀。

（3）快开式特性与等百分比式特性相反，是指在开度较小时就有较大的流量，随着开度的增大，流量很快就能达到最大，此后再增加开度，流量变化很小。起关断作用的阀门呈现快开流量特性，如普通球阀、闸阀、蝶阀等。

对于与换热器串联，进行热量调节的调节阀来说，应选用具有等百分比式特性的阀门。如图 2-20 所示，水-水换热器和水-空气换热器的相对流量-换热特性曲线形状是上凸的，类似阀门快开特性曲线，换热器内流量较小时，流量变化引起的热量变化较大，在大流量时，流量变化所引起的热量变化小。等百分比式特性曲线的阀门和快开式特性曲线的换热器结合，可以实现阀门开度变化与换热器相对热量变化的线性关联，从而更精确地进行热量控制。对于冷水系统中分集水器之间的旁通阀，仅作为流量调节作用，应选用直线特性的阀门。

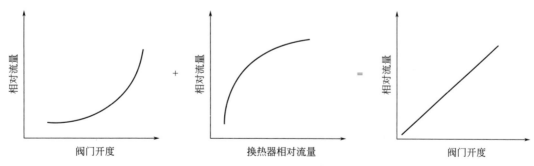

图 2-20　等百分比阀门开度调节与热量调节示意图

需要注意的是，阀门的流量特性取决于阀体内部结构和阀芯的形状。同样是座阀，当改变内部结构时也可实现线性流量特性；普通球阀是快开特性，但增加配流盘后可实现等百分比流量特性。

5. 阀权度

如前文所述，调节阀一般选用等百分比流量特性曲线型的，需要注意的是理想的等百分比流量特性是基于阀两端压差不变的前提下得出的结论。对于普通的电动调节阀，在系统运行工程中，阀前后的压差和换热器压降时刻发生变化，为了提升阀门的流量调节性能，应尽可能提升阀门对于整个支路的压力变化控制权，即阀权度，其计算公式为：

$$x = \frac{\Delta P_{min}}{\Delta P} \tag{2-4}$$

式中　　ΔP_{min}——调节阀全开时两端的压差，Pa；

　　　　ΔP——调节阀所在支路的总压力损失，Pa。

阀权度小说明通过调节阀两端的压力变化较大，调节阀本身的特性会产生较大的偏离和震荡，提升阀权度可改善阀门的流量控制精度，但会增加管路阻力损失。一般调节阀合理的阀权度取值为 0.3～0.5。

6. 高效系统阀门选型

（1）电动蝶阀

电动蝶阀选型较简单，按照系统承压及所在管路的管径选择对应口径的阀门即可。

（2）压差旁通阀

在一次泵变流量系统中，压差旁通管应按照所有冷水机组的最小允许流量的最大值来确定管径，阀门根据管径选型，在投入使用前需调试。压差旁通阀在空调全负荷运行时处于关闭状态，系统部分负荷时末端电动阀门自动关闭后，首先由循环泵变频降速运行，当循环泵变频降速到最低设定值停止时，观察此时的分集水器压差，此值即为压差设定值。

（3）调节阀

在调节阀选型时，已知盘管的设计阻力损失和阀权度（0.3～0.5），可确定调节阀两端最小压差 ΔP_{min}，可计算出调节阀的最大流通能力，参照样本数据进行选型。阀门流通能力一般国内用 K_v 表示，定义为在阀门全开、阀两端压差为 10^5 Pa 时流经调节阀的体积流量，其计算公式为：

$$K_v = 10V / \sqrt{\Delta P_{min}/\rho} \, (\mathrm{m^3/h}) \tag{2-5}$$

式中　　V——管路设计流量，$\mathrm{m^3/h}$；

　　　ΔP_{min}——调节阀两端的压差，Pa；

　　　　ρ——流体密度，取 $1000\mathrm{kg/m^3}$。

（4）电动调节一体阀

电动调节一体阀的选型相对普通调节阀简单很多，仅需根据管路设计流量和阀门允许的最大压差范围确定一体阀的规格。

（5）静态平衡阀

静态平衡阀选型应根据其最大流通能力 K_v 选型，计算公式同式（2-5），所选阀门的 K_v 值应与设计流量接近。

（6）动态压差平衡阀

动态压差平衡阀应根据所控范围管路的设计流量和允许压差范围进行选型。一般同一管径的压差平衡阀有两档压差设置范围可选，当动态压差平衡阀被安装在立管后的支管上用于稳定整条支路的压力稳定时，一般选用较高的压差设置档位。

7. 高效系统的阀门使用注意事项

水泵能耗高低对于制冷系统的能效影响很大，而使用过多阀门会导致水泵扬程选择过大，并且会加大调试难度，加剧运行过程中的水力不平衡，进一步导致水泵能耗增加，不利于达到高效机房的指标，因此在水系统设计时应特别注意阀门的选择。

（1）不能过度依赖阀门实现管路的水力平衡，应首先从管路排布和管径选择上优化来降低支管之间的静态不平衡程度。在空间允许的情况下采用局部同程配管以减少静态平衡阀的使用。单一回路平衡阀串联数量不宜多于两组。

（2）过去设计手册里推荐分级安装静态阀，每个并联支路都安装，笔者认为这种方式不合理。静态平衡阀的调试比较繁琐，因为各支管的阀门调试会相互影响，理想的调试方法是所有静态阀同时调节，使各支路的流量按设计比例分配，但实际操作时无法实现，一般是逐个调节，因此需要来回多次调节。当系统中静态阀数量较多时，调试工作量非常大，而调试不当的静态阀只是个阻力元件，不能起平衡作用。调研发现，很多项目系统的静态阀没有调试，阀门开度维持出厂值或在最大开度。

（3）由于静态平衡阀调试困难应谨慎使用，推荐用于主管支路，调节区域不平衡，末端支路尽量不用，如图 2-21 集水器入口 A、B 区回水管和各层分支管。末端不平衡尽量通过优化配管解决。对于固有阻力差异不大的支管，可用动态压差平衡阀或一体阀代替静态平衡阀，如图 2-21 中 B 区各层分支管，同时起到避免过流和运行时稳定压差的作用。但阻力或末端使用情况差异明显的支路仍应采用静态平衡阀调节管路之间的固有不平衡。

（4）动态压差平衡阀一般设置在立管后的分支管上，消除部分支管流量变化对其他支路的影响，可实现精确的流量调节。由于一体阀也有稳定压差的作用，若末端安装的是一体阀，且各层支路负荷大小和变化规律相似，那么各层支管可取消动态压差平衡阀，如图 2-21 中 B 区一层管路；若末端安装的是普通调节阀，或各层之间负荷变化差异较大，那么各层支管推荐安装动态压差平衡阀来提高流量调节能力，如图 2-21 中 B 区二、三层管路。在工程实践中动态压差阀通常与静态阀一起使用，压差阀的导压管接在静态阀的测压嘴上。

（5）调节阀的口径大小不应根据所在管路的管径选择，而应根据其最大流通能力选择。根据管径选择的阀门一般偏大，调节能力不佳。

（6）平衡阀应安装在直管段上，即平衡阀前后分别至少有 5 倍和 2 倍管径长的直管管段。若平衡阀设在水泵的出口管段上，阀前则需有 10 倍管径长的直管段。在整个空调水系统调试完毕后，必须做好平衡阀的保温。

2.2.5 高效机房的建造施工优化

1. 水管路优化

众所周知在常规的空调水系统中，水泵的输送能耗占整个空调系统能耗比重，视系统大小、输送距离远近以及输送方式的不同而定，一般情况下所占比重在 15%～35% 之间。而水管路及各附件的阻力是直接影响水泵扬程的主要因素，在各种阀门不可或缺

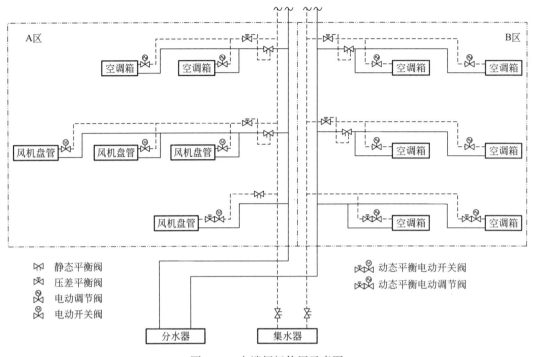

图 2-21　末端阀门使用示意图

的情况下，如何减少水管路的阻力是减小水泵扬程的有效途径之一。

（1）合理选择制冷机房位置

水系统阻力主要由管长、沿程阻力和局部阻力构成。对于体量较大的项目，制冷机房位置是否处于负荷中心将直接决定水管的长度，若机房处于建筑物的一角，在对称另一角的负荷点将使整个水系统的管长增加，从而导致了阻力的增加。制冷机房位置选择至关重要，但也不能因为输送距离的关系而牺牲掉一些有价值的商业空间，故需要结合建筑物特点以及周围各功能用房的情况综合考虑，最终选定一个比较合适的位置。

（2）适当放大管径

在管材和水温一定的条件下，管径与管内流速决定了水管的比摩阻。同样的流量在不同管径中的比摩阻相差甚远。例如，同样 $100\text{m}^3/\text{h}$ 的流量在 $DN125$ 的管径中流速为 2.06m/s，比摩阻为 370.6Pa/m；在 $DN150$ 的管径中流速为 1.45m/s，比摩阻为 150.6Pa/m；在 $DN200$ 的管径中流速为 0.75m/s，比摩阻为 28.0Pa/m；流速分别减少 29.6%、63.6%；比摩阻分别减少 59.4%、92.4%。可见选择合适的管径能在很大程度上减少水管阻力。同样对于水力不平衡的问题，也可以采用放大最不利支路的管径、适当减小其他支路管径的方法来达到各支路水力平衡，同时也可以减少因安装平衡阀而产生的局部阻力。

（3）选用低阻力的设备及管材

制冷设备、水过滤器、各类阀门等都是阻力元件。如果能从产品设计、生产之初就适当降低这些设备的阻力也是减少阻力的一种可行性手段。比如：制冷设备可以考虑选用大容量的蒸发器与冷凝器以降低阻力；过滤器可选用低阻力的篮式过滤器替代高阻力的 Y 形过滤器，但要注意的是篮式过滤器体积较大，需要较大的安装空间，使用时需要注意；在水系统常用的阀门主要有闸阀、截止阀及蝶阀等，这三种阀门的结构方式不同，其阻力也不尽相同。如闸阀，因其全开时阀片不处于水流中阻力最小；蝶阀，因其开启时阀片旋转 90°，处于水流之中，其阻力较大；截止阀，全开时水流基本呈 90°故其阻力最大。

管材的当量粗糙度直接影响比摩阻的大小，当量粗糙度越大比摩阻越大。目前空调水系统管材以钢管为主，其当量粗糙度的设计值为 0.2mm，随着科技的发展已经有一些材料可以做到更低的当量粗糙度，例如 PP-R 铝塑稳态管，其当量粗糙度只有 0.0014～0.002mm，可见在同样的水流速度下，其比摩阻比钢管小很多，因此，可节省大量输送能耗。

整个水系统中要合理使用各类低阻设备、管材以及尽量减少各类阀门的使用，使整个水系统的阻力值达到最小。

（4）优化弯头、三通的连接方式

管路中还会存在着许许多多的各种连接件，最常见的就是弯头和三通。单个管件的阻力并不大，从占比整个系统的阻力来看几乎可以忽略，但从数量上来讲却是整个空调水系统中最庞大的，正所谓积少成多，所有管件的阻力之和在整个系统中就不可忽视。如何在这些管件数量不变的情况下减少水系统的阻力也是值得思考的。如图 2-22 所示，把正三通改成斜 45°三通可有效降低阻力。从表 2-7 中可以得出，45°的弯头比 90°的弯头局部阻力系数 ζ 减少一半；从表 2-8 中可以得出，顺水流的分流斜接三通其局部阻力系数 ζ 只有直三通的 2/3；合流的阻力系数 ζ 更小，只有直三通的 1/3，可见选用合适的接管方式可以大幅度减少水系统的阻力。

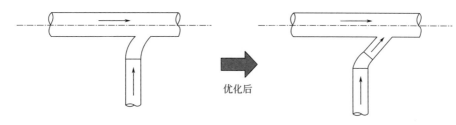

优化后

图 2-22 三通优化

部分常用弯头管件的局部阻力系数 表 2-7

序号	名称	局部阻力系数 ζ							
1	普通弯头	管径 DN	15	20	25	32	40	50	65
		45° ζ	1.0	1.0	0.8	0.8	0.5	0.5	0.5
		90° ζ	2.0	2.0	1.5	1.5	1.0	1.0	1.0
2	焊接弯头	管径 DN	80	100	150	200	250	300	350
		45° ζ	0.26	0.32	0.36	0.36	0.39	0.44	0.45
		90° ζ	0.51	0.63	0.72	0.72	0.78	0.87	0.89

注：本表格数据引自《实用供热空调设计手册》（第二版）。

部分三通的局部阻力系数　　　　　　　　　　　　　　　表 2-8

序号	形式简图	流向	局部阻力系数 ζ	序号	形式简图	流向	局部阻力系数 ζ
1		2→3	1.5	3		1→2	1.5
2		2→3	0.5	4		3→2	1.0

注：本表格数据引自《实用供热空调设计手册》(第二版)。

水管路的优化方向多种多样，但要结合项目的实际情况以及空调水系统的形式作出合理的选择才是最优的方案。

2. 泵组安装要求

水泵安装从水泵进场开箱检查一直到水泵试运行及验收，整个过程的每一个环节都必须严格按规范操作，否则极易引起水泵无法正常运行。开箱检查是最初的、也是最容易的一步外观检查，其次是水泵基础的施工、减振和固定、吸出水管的配管和连接以及安装完成后的试运转。

（1）水泵安装前应对基础找平后进行固定，固定的水泵确保摆放位置正确，不倾斜，同时还应设置隔振装置。

（2）吸水管的水平管段上不应出现气囊现象。吸水管采用异径管与水泵吸水口连接，若是同心异径管，则在吸水管上部会产生气囊，轻则破坏水泵吸水口处的真空度，使水泵出水量减少，影响水泵流量；重则造成水泵不上水，致使水泵不能正常工作。必须采用偏心异径管，并应采用管顶面平接，斜面朝下，以防气囊产生。

（3）吸水管、出水管或其阀门处未设置独立的支吊架，造成其重量直接落在水泵及其与管道连接的接口上，严重影响水泵的安装质量及其可靠运行。

（4）水泵试运行前，要对各附件、管道等进行全面检查，确定无误后，开机运行。

3. 模块化设计

常规冷热源系统机房内管线复杂，施工难度大、周期长，且会占用不小的室内建筑面积。模块化机组将会把制冷机组、水泵以及冷却塔等所有冷源侧的设备均集中在一个模块中，当然也可以带有制热功能，这样也同时省去了热源（锅炉房）的建造。模块化机组在施工时只需把末端的供回水管接至机组预先设置好的接口上，就可实现空调系统的运行。与常规冷热源机房相比，模块化机组的运用将会具有以下几个优势：

（1）无需专用机房。直接布置在室外，位置选择相对灵活。

（2）冷、热量配置简单化。根据需求负荷，选择合适的模块进行拼接就能满足使用要求。

（3）灵活组合、安装方便。每个模块均具体独立的系统，但又能与其他模块组合使用；同时任一模块发生故障也不会影响其他模块的运行，保证了系统的可靠性。安装也非常方便，在确保水质及管路系统的清洁前提下可直接按要求与机组连接，即可通电运行。

（4）高效节能。由于采用模块化设计，机组可分级启动，以减少对电网的瞬时冲击。机组内的微电脑可以自动监测空调负荷的大小，从而合理分配相应模块的启停，实现机组冷（热）量与负荷的最佳匹配，以最大限度降低运行费用。另外由于机组采用的是板式换热器，其结构紧凑、传热效率高，从而也提高了机组的整体运行效率。

（5）模块机组的结构相对简单，且体积小、重量轻，便于运输、安装；其采用全封闭的压缩机，振动小、噪声低，对周围环境的影响较小。

在小型项目中，模块化机组具有较大的优势，其布置灵活、投资较低、施工周期短、系统安全可靠、操作简单、高效节能等。

4. BIM 设计、预制和装配式安装

目前 BIM 设计已完全融入整个建筑机电设计过程中，让设计更直观、施工更便捷，对改善各专业之间的碰撞有着很直接的帮助，同时也可以避免施工产生不必要的返工。

BIM 可以实现更加完善的协同设计。往往一个项目的设计过程，各专业都是同时进行的，除了协同作战，大部分时间都是各自为战，特别是机电专业。机电专业所有的管线都位于建筑物内部，在不能实时体现出其他专业管线走向的情况下，只能按自己专业最有利的情况布置管线，这样就会导致各专业的管线都会集中在同一个地方布置，后期管线综合或检查碰撞时就需要花大量时间去调整，不利于提高工作效率。在 BIM 协同设计过程中，各专业在把本专业的内容同步到中心文件中去后，其他专业就可以及时体现出来，避免管线布置重叠，也减少后期修改工作量。

BIM 还可以自动对各专业管线之间的碰撞进行检测。在模型实现零碰撞后，可使用 BIM 相关的软件依据各专业管线的位置，在土建模型中进行留洞，全专业留洞确认后可导出洞口开洞图，从而避免因提资不充分，留洞不准确导致现场返工的情况发生。BIM 在实际使用过程中除了分析碰撞比较便捷以外，在以前需要重新绘制的管线综合图、剖面图等都可以一键生成，提高工作效率。对于传感器、阀门等配件，BIM 可实现精确定位，在工厂进行管件配件的预制后，运到现场安装，做到零焊接、零变更，大大缩短现场施工周期。

2.2.6 高效机房能耗仿真工具

根据高效制冷机房系统应用技术规程的优化设计要求，需要在设计阶段就给出设计综合能效比，因此负荷计算和能耗仿真软件在高效机房优化设计流程中是必不可少的工具，帮助工程师针对不同的配置方案和运行策略的能耗进行分析对比。目前国内常用的几个适用于机房能耗模拟软件包括 EnergyPlus、eQuest、DeST、Archi-Sim 等，下面本小节分别针对上述软件介绍其特点。

1. EnergyPlus

EnergyPlus 是由美国能源部和劳伦斯伯克利国家实验室共同开发的一款建筑能耗模拟开源软件，基于 DOE-2 和 BLAST。能够根据建筑的几何外形、围护结构组成和暖通机械系统计算建筑的全年动态冷热负荷和系统能耗。包括但不限于以下计算模块：

① 遮阳模块，可以模拟活动遮阳和固定遮阳。

② 自然采光模块，可以模拟在使用自然采光时建筑的照明能耗，以及逐时的采光系数。

③ 自然通风模块，可以模拟自然通风和在暖通空调系统作用下的通风。

④ 围护结构传热模块，通过数值分析的算法计算与外界接触的围护结构的传热量。

⑤ HVACTemplate 模块，提供了若干常见类型的空调系统模板，方便使用者快速构建供暖空调系统。

⑥ HVAC 空调系统模块，可以构建多种供暖空调系统，包括风机盘管系统，地源热泵、风冷热泵、蓄冷/热系统、地板辐射采暖/供冷系统等常见空调系统。用户可修改系统参数。

⑦ 可再生能源系统模块，主要有太阳能光伏/光热系统和风力发电系统。

⑧ 经济成本估算模块，成本分析和全生命周期成本估算。

⑨ 详细的输出模块，输出模拟数据，包括全年的气象数据（温度、湿度和太阳辐射等），室内的逐时温度湿度，系统逐时供暖/供冷功率，以及系统上任意节点的流量、温度等运行数据。

EnergyPlus 的优点是功能全面强大且灵活，提供给使用者非常多的交互接口。缺点是界面不友好，软件没有集成的建模工具，需要借助第三方建模工具建立建筑几何模型，对模拟人员的专业要求比较高，在学术界使用更普遍。许多开发团队在 EnergyPlus 的基础上进行了二次开发，提高 EnergyPlus 的易用性和可视化能力，其中比较有名的有 Openstudio、DesignBuilder、Simergy。

2. eQUEST

eQUEST 是由美国劳伦斯伯克利国家实验室和 J. J. Hirsch 等共同开发的，也是基于 DOE-2 计算引擎。eQUEST 包含了 2 个设计模式，方案设计（Schematic Design）和详细设计（Detailed Development）。方案设计模式适用于初步设计阶段，在项目详细数据未确定时进行项目初步估计和分析，eQUEST 在此阶段设有图形化建模工具，使用者可导入建筑设计图进行描点建立建筑几何模型。详细设计模式要求有完备的建筑设计和暖通设计信息。在这个设计模式下，软件将参数输入分割成 6 个模块，分别是项目场址、建筑外形、室内负荷、空调水侧、空调风侧和能源费率及经济性分析。eQUEST 可以进行空调负荷和能耗计算，输出详尽的模拟数据，功能不及 EnergyPlus 丰富灵活，非开源，不能用于二次开发，但界面更友好，使用体验较好。

3. DeST

DeST 是由清华大学建筑科学技术系开发的建筑能耗模拟软件，采用"分阶段设计、分阶段模拟"的思想，将模拟划分为建筑热特性模拟、空调系统方案模拟、空气处理设备模拟、风网模拟和冷热源模拟共 5 个模块。DeST 基于 AutoCAD 进行图形界面建模。

DeST 包含两个版本，DeST-h 主要用于住宅建筑热特性分析、指标计算、全年动态负荷计算、室温计算、末端设备系统经济性分析等。DeST-c 是专用于商业建筑辅助设计的版本，根据建筑及其空调方案设计的阶段性，DeST-c 对商业建筑的模拟分成建筑室内热环境模拟、空调方案模拟、输配系统模拟、冷热源经济性分析几个阶段，对应服务于建筑设计的初步设计、方案设计以及包含设备选型、管路布置、控制设计等的详细设计阶段。

4. Archi-Sim

区别于以上三款适用于建筑及暖通整体系统的仿真软件，Archi-Sim 是专门针对制冷机房能耗计算和能效分析的在线分析工具，集成度高，操作简单，适用于项目前期的分析对比。

Archi-Sim 采用 B/S 架构，基于云端服务器计算，无需本地安装。Archi-Sim 包括两个模块，负荷计算模块、能耗计算模块和能效分析模块。负荷计算模块基于 Energy-Plus 二次开发实现，并且根据敏感性分析结果把对部分空调负荷影响不显著的参数按建筑类型和所在区域做默认内置处理，在不降低计算准确度的情况下减少使用者的参数收集工作量。对于有历史运行数据记录的项目，Archi-Sim 同样支持基于既有负荷/冷量数据进行能耗计算。对能耗计算模块，系统拓扑连接关系通过下拉列表选择的方式实现冷水机组、水泵和冷却塔之间的连接表达。另外，Archi-Sim 提供了目前常用的制冷机房常规控制策略和节能控制策略，使用者可同时设置多种控制模式同时计算，软件输出不同控制模式下的各节点动态运行参数和设备运行能耗。对于能效分析模块，Archi-Sim 基于负荷和系统能耗数据进行统计分析，提供一份详细的分析报告，内容包括部分负荷分布情况、不同控制模式下的设备能耗占比、制冷机房能效等。

2.3 高效机房控制方法概述

2.3.1 机房的构成

制冷机房通常由以下几部分组成：
（1）冷水机组，用于冷却水或其他制冷剂流体；
（2）冷水输配系统，即冷水泵和输配管网；
（3）冷却系统，包括冷却水泵、管道和冷却塔，实现冷水机组和室外的换热；
（4）控制系统，协调机械部件运作的控制装置。

1. 冷水机组

冷水机组有多种类型，最常见的是吸收式、离心式、螺旋式、涡旋式以及一些常用的往复式冷机。冷水机组分为风冷式和水冷式。蒸气压缩式冷水机组的主要部件包括蒸发器、压缩机、冷凝器和膨胀装置（图 2-23）。水冷式冷水机组通常安装在室内；风冷式冷水机组除了能夏季制冷，也可冬季制热，因此通常将其称之为"风冷热泵"。风冷热泵的室外机（即冷凝器）通常安装在室外（屋顶或建筑物旁边）。

图 2-23 典型的蒸汽压缩冷却器

高效制冷机房大多采用水冷式冷水机组，因为水冷式冷水机组的效率远高于风冷热泵。风冷热泵的冷凝温度取决于环境干球温度，而水冷式冷机的冷凝温度取决于冷却水的温度，即环境的湿球温度。由于湿球温度通常比干球温度低得多，因此水冷式冷水机组的冷凝温度和压力就会远低于风冷式热泵。例如，在室外干球温度为35℃，湿球温度为25.6℃的条件下，冷却塔可以制取29.4℃的水，然后输送到水冷式冷凝器中，对应的制冷剂冷凝温度约为37.8℃。同样的室外条件下，风冷式的冷凝温度却达到51℃。水冷式冷水机组的冷凝温度和冷凝压力更低，因此压缩机的做功量减少，消耗能源更少。但是在部分负荷时，水冷式冷水机组这种效率优势会减弱，因为干球温度往往比湿球温度的下降速度更快。此外，如果考虑到冷却塔和冷却水泵额外的能耗，水冷式冷水机组的效率优势就会大大降低。进行全面的能耗分析是评估风冷和水冷系统之间运行费用差异的最佳方法。

2. 冷水机组的分类

（1）离心式冷水机组

离心式压缩机是通过高速旋转的叶轮产生的离心力来提高制冷剂排气压力，以实现对气态冷媒的压缩过程，然后经冷凝节流降压，蒸发等过程来实现系统制冷。

离心式冷水机组是大冷量的冷水机组，单个离心式压缩机的制冷量较大，制冷量范围为150～3000RT，所以一般离心式制冷机组只设计一个压缩机就可以满足冷量的需要。

它有以下主要优点：

① 单机制冷量大，结构紧凑，重量轻；

② 最佳工况下，制冷效率高；

③ 叶轮作高速旋转运动，振动小，运转平稳，噪声以高频噪声为主；

④ 可以通过调节导流叶片或变频转速调节方式，在较大的冷量范围内实现无级冷量调节。

离心式冷水机组的缺点主要是：

① 转速高，对材料强度、加工精度和制造质量要求严格；

② 在低负荷或冷凝温度过低时，易发生喘振；

③ 当运行工况偏离设计工况时，能效降低明显；

④ 制冷量随蒸发温度降低，受冷凝温度影响较大；

⑤ 制冷量随转数降低而急剧下降。

离心式制冷机组一般应用于制冷工况下，承担主要负荷占比，应根据主机特性，维持离心式制冷机的最佳运行工况。

（2）螺杆式冷水机组

螺杆式冷水机组采用一个或多个螺杆式压缩机，通过电动机装置直接带动同轴主转子与副转子，转子相互啮合，回转，完成吸气、压缩与排气过程。

螺杆式冷水机组单机冷量一般为50～400RT。

螺杆式冷水机组的优点：

① 结构紧凑、运行平衡可靠、易损件少、使用寿命长；

② 利用油压推动滑阀开关控制容量，采用多机头形式，可以实现有段或无段容调、

调节平衡；

③ 部分负载时效率不变；

④ 冷凝侧、蒸发侧温度适应范围较大，风冷螺杆机适用于制冷制热双工况；

⑤ 无喘振现象；

⑥ 螺杆式冷水机组转子的啮合旋转完成吸、排气，其噪声值低于75dBA，高频气流冲击噪声低；

⑦ 螺杆式冷水机组采用多机头形式，可逐台逐级启动，部分负荷下，可停开部分机头，实现低负荷率的高效运行。

螺杆式冷水机组的缺点：

① 单机容量较低，不适用于大型系统；

② 最佳工况下，能效低于离心机组。

螺杆式冷水机组可以在多种复杂工况下维持较高的 $IPLV$，可以应用于供冷供暖等领域，适用于制冷季和过渡季部分负荷下的多种工况。

（3）磁悬浮离心式冷水机组

磁悬浮离心式冷水机组是由直流直驱电动机、磁悬浮离心叶轮等构件构成。磁悬浮系统的核心是利用磁悬浮滚动轴承、角位移传感器、滚动轴承控制板等装置，产生悬浮电磁场，使电机转子在悬浮状态下高速转动，不再采用滚动轴承，取消滚动轴承所必须的润滑和冷却装置。磁悬浮制冷压缩机，无需传统压缩机的供油和回油系统，减少了冷凝器、蒸发器油膜对换热效率的影响。

磁悬浮冷水机组优点：

① 节能，部分负荷运行条件下，COP 高达 8～12；

② 磁悬浮机组系统运动部件少，没有复杂的油路系统，维护费用低；

③ 磁悬浮机组没有机械摩擦，机组产生的噪声和振动极低，压缩机噪声低于77dB；

④ 启动过程采用直流软启动的方式，启动电流低至 2～6A，对电网的冲击低；

⑤ 抗喘振；变频调节范围宽，可以根据实时监测压缩机的运行状态，及时计算并调速，保证压缩机在安全运行的控制曲线内运行。

磁悬浮冷水机组缺点：

① 造价较高；

② 单机容量较小；

③ 不适用于供暖工况。

磁悬浮离心式冷水机组，由于其启动电流小，部分负荷 $IPLV$ 高的特性，尤其适用于应用在制冷季和过渡季部分负荷工况，是离心式冷水机组低负荷段的优选的组合方案。

在高效机房的应用中，应根据部分负荷率分布和机组效率区间，选择适合的机组形式。不应该只重视典型工况下的能效指标，更应按照系统效率最高的原则，选择主机形式和容量。

3. 冷水系统

冷水通过固定管路循环，这些管路将冷水机组与各种负荷末端连接起来。管道的尺寸设计需要满足压力损失、水流速度和施工成本这些参数。

（1）冷水泵

冷水泵提供动力使冷水在管网内循环。泵必须克服由管道、风机盘管、盘管和冷水机组引起的摩擦压力损失以及系统中控制阀之间的压差。泵在闭式系统中工作时，不需要克服静压。例如，在40层的建筑物中，水泵不需要克服由于这40层而产生的静压，只需克服管路的沿程阻力和局部阻力损失。另外，泵产生的热量会被水吸收，从而最终由冷却设备吸收，通常会表现为冷水的少量温升。当采用多个泵时，通常需要设置备用泵，根据末端控制设备和系统配置，冷水泵可设为定流量或变流量。

冷水泵可以位于冷水机组的入口或出口，只要泵的入口满足一定的正压即可。对于承压较高的系统（例如高层建筑），泵通常位于冷水机组的出口处，此时冷水机组蒸发器不必承受水泵的压力作用，无需在冷水机组处设置高压水箱。冷水泵也可以位于系统中的其他位置，需要满足以下前提：

① 满足泵最小正压头要求，即泵入口处的系统压力必须保持足够高的正压，以使泵能够正常运行；

② 保持关键系统设备（通常是冷水机组）的最小动压。如果这些设备的动压不够高，则无法提供需要的流量；

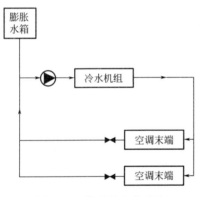

图 2-24 典型的冷水系统

③ 满足系统组件（例如冷水机组的蒸发器、阀门等）的总压力（静压头加动压头）。

（2）输配管网

图 2-24 是一个典型的冷水系统，每个末端盘管的流量由单独的阀门控制，阀门可以是三通或二通。三通阀适用定流量系统，二通阀适用变流量系统。当流量变化时，定频泵可通过改变流量扬程曲线来调节，变频泵则相应改变转速。高效制冷系统应采用变频水泵及二通阀。

输配管网中包含的其他部件包括：膨胀水箱、控制阀、平衡阀、止回阀和空气分离器等。

4. 冷却水系统

（1）冷却塔

对于水冷式冷水机组，冷却塔是转移建筑室内热量和其他设备散热的最末端设备，冷却水通过与空气接触后冷热交换产生蒸汽，蒸发散热后达到水温降低的目的。冷却塔的传热效率取决于水流量、水温、风机转速和环境湿球温度。冷却塔进出水温差即为降温范围，冷却水出水温度与湿球温度之间的温差称为逼近度。

（2）输配管网

与冷水输配系统相同，冷却水系统管路的尺寸也需满足系统的运行压力、压力损失、水速和施工成本这些要求。通常利用冷却水泵来克服管路压力损失和冷凝器的压降，以及保证流经冷却塔冷却水的压力。

另外，为了保证最佳的传热性能，冷凝器表面必须保持无水垢和污泥。即使是薄薄的水垢沉积物也会大大降低传热能力和冷却效率，因此需定期清除冷凝器表面水垢。

5. 控制系统

机房的控制系统涵盖从冷水、冷却水的控制到机电控制，再到使用复杂的算法控制以尽可能提高系统能效。控制系统除了能够监控重要参数外，同样需要对异常工况进行报警，提醒机房操作人员进行诊断。因此各设备均需与系统级控制器通信，系统控制需协调冷水机组、泵、冷却塔和末端控制单元，只有当每个部件向系统级控制器传达足够信息时才能完成机房的高效控制，具体的系统控制方案将在后续章节内展开叙述。

2.3.2 常见的几种系统形式

1. 一次泵系统

（1）一次泵定流量水系统

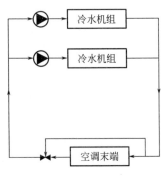

一次泵定流量系统是设计和控制最简单的系统（图 2-25），部分负荷下冷水机组的出水流量保持不变，通过三通阀门来控制用户侧流量，因此流速和温度都会受到影响，流速的过低或过高以及回水温度的降低都将持续影响系统的效率，因此需要及时进行调节以保证系统的流速和温度，或者采用其他的系统形式。定流量系统的水泵能耗较高，不适用于高效机房建设。

图 2-25 一次泵定流量水系统

（2）一次泵变流量水系统

高效机房系统中较为常用的是一次泵变流量系统，末端换热盘管设置二通调节阀。当末端负荷变化时通过改变冷水流量来调节冷量供应，供回水温差保持在 5℃ 左右，从而降低输配能耗。一次泵变流量系统需同时满足冷水机组冷水可变流量和冷水泵变频运行，并且需考虑小负荷时冷水机组蒸发器的最小流量保护措施，一般通过在供回水主管（或分集水器）间设置旁通阀来解决。当机组达到最小流量，末端流量仍需进一步减小时，开启旁通阀。

冷水机组和冷水泵的连接可采用一对一或共用集管的方式，如图 2-26 所示，两者效果略有不同。大小主机并联设置，冷水机组和水泵一一对应，同开同关。相同型号的冷水机组并联设置，可以使冷水机组与水泵运行的台数不一一对应（但设计台数仍需一一对应）。

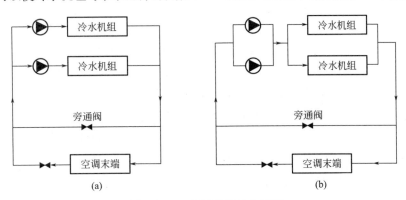

图 2-26 一次泵变流量水系统

（a）一对一连接；（b）共用集管连接

2. 二次泵系统

二次泵系统被设计创造的初衷是为了解决冷源侧和末端对冷水流量需求的不匹配，降低输配能耗。在早些时候，冷水机组不能承受较大的冷水流量变化，因此需要保证稳定的冷水流量。但末端负荷时刻发生变化，最简单的方法是利用三通阀旁通多余的冷水以实现末端负荷的调节，但此时冷水泵保持定频运行，特别是对于管网系统较大、阻力较高的建筑，输配能耗非常高。二次泵系统是由 Bell & Gossett's 公司的 Gil Carlson 首次提出，采用两套泵组将冷源侧和负荷侧隔离，如图 2-27 所示，二次泵系统中的一次泵通常采用定频水泵维持冷水机组所需的稳定流量，但只需克服一次侧回路的压降，包括通过冷水机组平衡阀和相关的管路压损；二次泵采用变频泵，独立于一次回路来运转，它所需要的扬程等于设计流量时，管路、风机盘管和一些阀件扬程损耗的总和，流量随末端需求变化，能实现非常明显的节能效果。但二次泵系统水泵数量较多，因此初投资高于一次泵系统。

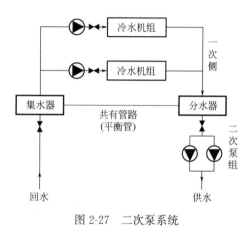

图 2-27　二次泵系统

随着不断的技术改进，目前冷水机组已能适应较大的冷水流量变化幅度，可直接采用一次泵变流量系统降低输配能耗。因其设计和控制逻辑较复杂、初投资高，目前二次泵系统在常规商业项目中较少被采用。对于不同功能区的供能需求差别较大的大型项目，或需分期建设和投入运营的能源站项目，二次泵系统仍是比较适合的方案。

在二次泵水系统中，会在分集水器之间安装平衡管，如图 2-27 所示。

为了尽量避免冷水从二次回水侧经平衡管逆流到二次供水侧，共有管路的设计需注意以下几点：

（1）保证共有管路的扬程损耗最小化，在预期的最大流量下，它的扬程损耗应小于 0.5m。若共有管路的扬程损耗太高，一次侧和二次侧泵就如同在串联的情况下运行，所以保持低扬程损耗是很重要的。

（2）共有管路的长度应大于 3 倍一次侧管径。经过测试的结果显示，当二次侧的流速较慢时，这 3 倍管径的分隔距离能有效地防止热混合的现象产生。

（3）不应在平衡管上安装止回阀来解决冷水回水逆流问题。当负荷侧的流量大于冷水机组流量时，会导致部分冷水回水通过共有管路直接流向二次侧水泵，回水和一次侧的给水混合产生一个温度较高的二次侧给水，导致"小温差大流量综合征"。因此会存在一个误区：为了防止回水的倒流，在共有管路上安装止回阀来阻止任何回水再循环至二次侧，这种做法是不可取的。若二次泵提供了大于冷水机组所需的流量，也就有同样的流量流回。但止回阀的作用是使共有管内没有流量进入，所以这多余的流量便流回一次侧的冷水机组。冷水机组的流量被强迫地增加，而这增加的流量可能带来冷水机组管壁过度的冲蚀，冷水出水温度也会上升。另外，在共有管路上安装止回阀，等于把一泵和二次泵做串联，而二次泵也就必须提供更高的扬程使这多余的流量得以通过冷水机组，并没有解决根本问题。事实上二次泵系统中，冷水回水逆流是很难避免的。因为理论上二次侧冷水流量随末端负荷变化呈现连续变化，而一次侧采用定频泵，流量只能实现有限阶数的阶梯变化，如图 2-28 所示。假设某系统有两台等大的冷水机组，那么冷源侧能实现的流量调节只有 50% 或 100% 两个阶梯。若此时末端由于换热温差较小等原因导致流量需求是 55%，平衡管就会出现逆流现象，这种轻微的逆流是可以接受的，因为相较于增开一台冷水机组及对应水泵，二次侧水泵流量增加导致的能耗增加更少，但是当逆流超过某个限值就需要增开冷水机组，因为水泵增加的能耗可能高于增开一台冷水机组的能耗。另外，为了避免或减轻平衡管逆流现象，二次泵系统末端的换热盘管可适当增加换热面积或采用更高效的换热器来增大供回水温差，降低二次侧冷水需求量。如图 2-29 所示，采用平行逆向分路设计的换热器，考虑换热效率最大化，最低换热温差为 3℃。还可通过降低冷水供水温度来改善末端换热效果，增加供回水温差。

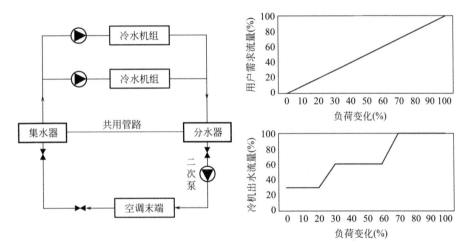

图 2-28　制冷量阶梯变化

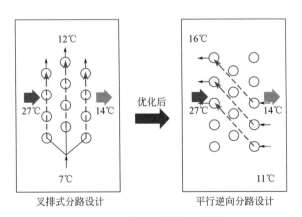

图 2-29　换热盘管优化设计

2.3.3　高效机房设备控制策略

高效机房的控制策略与普通制冷机房控制策略有较大差异。常规的控制策略是将冷水机组、水泵、冷却塔作为独立个体单独控制，只要系统能正常运行，提供足够的冷量即可。但实际上，制冷系统中的每个设备部件是相互关联的，冷水出水设定温度较高，可提高冷水机组效率，但会增加冷水泵能耗；冷却塔出水温度较高会有损冷水机组效率，但能降低冷却塔能耗。设备与设备之间的能耗变化呈现此消彼长的现象，因此为了使系统整体能效最优，必须充分了解并量化系统中各个设备的性能特征，采用全局分析的方法来制定控制策略和确定每个设定值。

1. 冷水机组控制策略

（1）冷水机组运行台数

制冷系统由多台冷水机组及其辅助设备组成。一般都是按照满足最大负荷需求设计冷水机组总冷量和冷水机组台数。系统满负荷运行的时间有限，大部分时间系统不是满负荷工作，这就为系统在满足要求的情况下，选择合适的负荷实现节能运行提供了条件。冷水机组常用的节能群控有两种基本方式。

一种方式是当前冷水机组不满足负荷需求时才开启下一台冷水机组。具体来说，加减的机组台数由冷水供水温度值、温度趋势、时间因素、温度偏差值及已运行机组的负荷率确定。增加机组台数时，首先满足冷水温度高于设定的温度偏差值（常规0.5℃），温度保持上升趋势一定时间（常规10min），当前已运行机组负荷率达到接近满负荷（95%），此时增加一台机组及相关辅助设备投入到运行序列中；减少机组台数时，首先满足冷水温度低于设定的温度偏差值（常规0.5℃），温度保持下降趋势一定时间（常规10min），减少一台机组后运行的机组仍可满足负荷需求（如5台同冷量机组负荷率在75%时，可减少一台，负荷率在80%时不能减少台数）时减少一台机组。这种控制方法是目前比较常用的，因为控制逻辑较简单稳定。但从节能角度考虑，这种控制方法只适用于定频冷水机组，如图2-30所示，定频冷机在部分负荷率较高时能效也较高；而变频冷水机组在部分负荷率较低时能效较高，如图2-31所示，待当前冷水机组开到接近满负荷再启用下一台冷水机组会使机组长时间处于较低效率下运行，上述仅考虑负

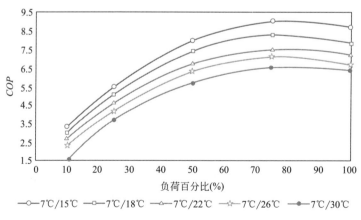

图 2-30　定频冷机能效曲线

荷是否满足的加减机策略不再适用。假设某工况下，开一台变频冷水机组，其部分负荷率是 90%，若增开一台冷水机组使其部分负荷率处于较低水平，冷水机组本身的运行效率固然提高了，但增开一台冷水机组还需增开对应的冷水泵和冷却水泵，冷水机组和水泵整体能耗是增还是减需根据设备的实际性能参数确定，不能一概而论。

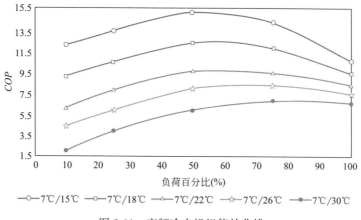

图 2-31　变频冷水机组能效曲线

因此需要综合考虑冷水机组和水泵的能效确定开机策略。这种控制方式需要详细的冷水机组和水泵性能参数，且需结合负荷预测算法，提前预判未来短期的负荷需求。通过优化算法计算出未来（例如下一小时）的冷水机组最佳开启台数使得系统整体能效最优。这种方法对控制器性能要求较高，且需不断采集冷水机组及附属设备的性能参数形成设备性能数据库作为计算依据。

（2）冷水温度重置

许多冷水机组设备具备冷水重置功能，即重设冷水机组的出水温度设定值，以减少冷水机组的能耗。提高冷水温度可降低冷水机组的能耗。在定流量系统中，只要不影响湿度控制，提高冷水温度会降低整个系统的能耗。然而，在变流量系统中，提高冷水温度通常会显著增加水泵能耗，因为供回水温差降低了。这个策略是否可行取决于冷水机组能耗的降低能否抵消冷却水泵能耗的提升，也需要综合考虑。

2. 冷水系统控制策略

（1）冷水泵变频控制

在冷水系统中，通常会在系统中设置监测点，通过保持该点压力稳定来控制水泵转速。如图 2-32 所示，压差监测点可设置在最不利末端或供回水干管。压差设定值一般通过实测确定，做法是在夏季冷负荷较大时开启所有阀门，水泵满负荷运行，取监测点的压差值作为设定值。根据最不利末端压差控制水泵变频，理论上其水泵能耗比干管压差控制更少，但是稳定性较差。因为最不利末端不是阻力最大的位置，而是冷负荷最不易被满足的位置。在系统运行过程中各分支管的水力情况变化不定，实际的最不利末端位置会发生转移，若按照设计情况唯一确定最不利末端位置并以此为监测点，可能导致实际运行中最不利管路冷量不足，而某些管路过冷，舒适性和节能性都不能保障。因此目前实际工程中水泵采用定压差控制法时，压差监测点多设置于干管。但基于干管压差控制水泵频率不利于节能，因为压差设定值是在满负荷工况下确定的，而系统绝大部分时间处于部分负荷状态，为了维持设定的压差值，水泵通常以较高转速运行，可变频的范围很小，甚至不变频，而末端阀门则需减小开度来保证合适的流量，水泵的大部分能量被用来克服管路和阀门阻力。

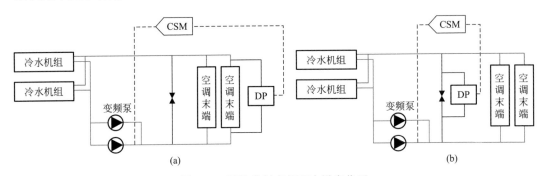

图 2-32　压差控制点的两个设定位置

（a）最不利端控制压差示例；（b）干管压差控制示例

　　"变压差控制法"的提出即为了解决上述能量抵消问题，所谓变压差控制，即压力设定值是可变的，改变的参照物是末端阀门的开度。其基本方法是，改变压差测定点的设定值，使至少有 1 个末端阀门开度维持在 $90\%\sim95\%$（阀门开度最大的管路即为最不利管路）。这种控制方式可有效防止能量的抵消，并且可保证每个末端都有足够的流量。但变压差控制法要求所有末端调节阀接入控制系统，初投资高，控制逻辑更复杂。

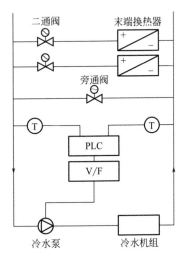

图 2-33　恒温差控制示意图

　　温差控制法是目前高效机房中较为常用的水泵变频控制方式，因为其控制逻辑简单，并且节能性好。如图 2-33 所示，温差控制法的基本控制逻辑是，采集供回水干管的温度，通过维持其差值恒定（通常为 5℃）来控制水泵转速。众所周知，水泵能耗高的主要原因之一是"小温差大流量"，如果可以将温差维持在较高水平，那么就可避免水泵流量过大。为了保证末端舒适性，还可将干管温差控制和末端阀门开度控制相结合。相比于压差控制法，温差控制的响应速度较慢，一般会延迟几分钟到十几分钟。

　　（2）压差旁通阀控制

　　在二管制的空调系统中，空调末端设备采用电动调节阀或者电动二通阀，在二通阀的调节过程中，系统末端负荷侧水量常发生变化，这些变化势必引起冷水流量的改变。对于一些较老型号的冷水机组，不能承受较大的冷水流量变化；以及对于冷水泵处于变频状态运行的系统，需要通过压差旁通阀来平衡末端负荷变化时的流量变化需求和主机侧的流量稳定需求。但是对于高效机房来说，选用的高效冷水机组普遍能承受较大范围的冷水流量变化，最小流量甚至可达 10%，循环泵采用变频控制策略，那么压差旁通阀的作用改变了。在空调全负荷运行时处于关闭状态，系统部分负荷时末端电动阀门自动调小或关闭后，首先由循环泵变频降速运行，当循环泵变频降速到最低设定值停止时，观察此时的分集水器压差，此值即为压差设定值。当末端负荷进一步减小，压差超过设定值，压差旁通阀打开，循环水经旁通管流过，此时压差旁通阀的主要作用是保护冷水机组。

（3）二次泵系统控制

二次泵系统中的一级冷水泵按冷水机组配置，一级冷水循环泵与冷水机组一一对应，随冷水机组启停而启动与关闭。一级泵负责克服冷水机组至冷水旁通管道一侧的水路阻力；二级泵负责克服空调末端至冷水旁通管道一侧的水路阻力。一级泵的启停由其对应冷水机组的启停所决定。二级泵的控制策略与一次变流量系统类似，但二次泵系统需要注意二级泵与一级泵的流量关系，当二级泵的流量需求大于一级泵流量供给时，二级泵会从平衡管中抽水，出现逆流现象。温度较高的冷水回水与供水混合，提高了二次侧供水温度，使末端换热效果变差，加剧小温差大流量问题。因此二次泵系统需特别关注平衡管逆流和小温差大流量问题，两者会相互影响形成恶性循环。

3. 冷却水系统控制策略

（1）冷却水泵变频控制

常规设计方案中冷却水泵一般是定流量运行，因为冷却泵一般能耗相对较低，采用变频的节能潜力小，且冷却水流量减小对冷机的效率有不利影响。但是在高效机房设计方案中，为了进一步提高机房整体效率，冷却水泵也采用类似冷水泵的温差控制法来调节冷却泵转速，使冷却水供回水温差维持在 5℃ 左右。

须注意的是，必须严格控制冷却水的最小流量，如果流量低于设备制造商给定的限值，冷却水将不再均匀分布在冷却塔填料上，导致冷却塔传热效率降低，极端情况下甚至还可能导致冷却塔中的水结冰。冷却水允许的最小冷却流量是以下各项中的最高值：

① 通过冷水机组冷凝器所需的最小水流量；

② 通过冷却塔填料所需的最小水流量；

③ 冷却水泵的电机所需的最小水流量；

④ 产生足够压力以克服从冷却塔底部到塔顶的静压的最小水流量。

（2）冷却塔出水温度控制

冷却塔的一个关键性能指标是逼近度，即出水温度与环境湿球温度的差值，是冷却塔出水温度能达到的最低温度，目前冷却塔的逼近度可达 2～3℃。一般认为冷却塔出水温度越低越好，目前常用的冷却塔控制策略是依据室外湿球温度和出水温度值调节冷却塔风机台数，保证尽量低的冷却水出水温度。冷却塔的出水常用的控制方式有以下三种：

启停控制。循环打开和关闭单个风扇只能粗略控制出水温度。由于气流在风扇转速之间变化很大，通常会有 3.9～5.6℃ 的温度波动，而且风机不能过于频繁地循环启停，否则会导致电机、驱动器或风扇组件损坏，因此不推荐这种控制方式。

高低挡控制。相比于启停控制，安装双速冷却塔风机能减小温度波动。通常风机的低速在全速的 50%～70% 之间。由于散热量与风机转速大致成比例变化，因此温度波动仅为单个风扇循环的 $50\%\sim75\%$。根据相似定律，风机功率变化率与转速变化率是三次方关系，在低速时，风机功率大大降低，半速时的功率约为全速的 15%。同样，不能在转速之间过于频繁地切换，否则齿轮箱可能会过度磨损失效。

变频控制。变频风机控制是最节能、温度控制效果最好的一种，也是高效机房的首选。

但上述控制方式还存在很大的改进空间，很多学者对冷水机组和冷却塔的运行匹配做过研究，发现使系统能耗最低的最佳工况点不是冷却水出水温度最低的状态。如图 2-34 所示，当冷却水出水温度降低时，冷水机组效率提升，能耗降低，但冷却塔能耗上升，制冷机房的综合能耗变化曲线呈现碗状，"碗底"对应的最佳工况点与系统配置和外界环境相关，需采用系统思维整体分析冷却塔和冷水机组的性能曲线，结合优化算法来确定冷却塔出水温度设定点。

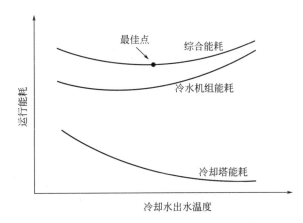

图 2-34　冷水机组冷却塔综合能耗变化趋势

另外，在室外温度比较低的情况下，通过冷却水回路的自然冷却就可满足冷水机组对冷却水的温度要求，这时可关掉所有冷却塔的风机，单靠冷却水循环过程的自然冷却实现冷却水的降温。对于冷却水泵，应以最少的冷却水泵运行台数满足制冷系统对冷却水流量和温度的要求。合理地调整冷却塔风机和冷却水泵的运行台数可以达到降低能耗的目的。

4. 膨胀水箱与补水箱监控

一般冷热源系统的定压与补水采用一体式的定压补水系统来完成。此时仅需要与定压补水系统的控制面板 BA 接口接驳监控状态即可。此处考虑采用分设两个水箱，由膨胀水箱定压，补水水箱补水的情况来阐述各自的作用。膨胀水箱与补水箱属于辅助设备。膨胀水箱与冷水管路连通。当管路中的水随温度改变，体积发生热胀、冷缩的变化时，增加体积可排入膨胀水箱，减少体积可由膨胀水箱中的存水予以补充。补水箱存放经过除盐、除氧处理的冷用水，当需要时通过补水泵向管路补水。通过水箱的高低液位开关对水箱水位进行监视，水位低于下限时补充，高于上限时停止补充以免溢流。

5. 运行时间表

依据建筑内热负荷变换情况，如上下班时间表、人员变动情况等，制订科学合理的运行计划表，在满足环境要求的前提下，减少运行时间。如在上班前恰当的时间开机，在房间使用前温度达到要求，在空置时间里不消耗能源；在下班前恰当的时间停机，利用系统储存的冷量维持环境温度要求到下班，这样就可以减少设备运行时间，达到节能目的。

6. 冷水机组与辅助设备的连锁控制

制冷系统中各个设备的启停顺序非常关键，若下达错误指令，将导致设备损坏甚至安全事故。正确的系统开启顺序为：冷却塔风机→冷却水泵→冷水泵→冷水机组。停机顺序控制：冷水机组→冷水泵→冷却水泵→冷却塔风机所规定的逻辑关系进一步细化，并考虑一定的时序关系。

启动过程：

（1）冷水机组冷水、冷却水管路上的阀门（常为电动蝶阀）开启，并通过阀门位置反馈信号确认或延迟一定的时间（2～3min）后进入下一步；

（2）启动冷却塔风机、冷却水泵、冷水泵，并延迟一定的时间（3～4min）后进入下一步；

（3）冷水机组启动。

停机过程：

（1）冷水机组停机；

（2）延迟一定的时间（3～5min）后停止冷却塔风机、冷却水泵、冷水泵；

（3）延迟一段时间（4～6min）后关闭对应冷水机组冷水、冷却水管路上的阀门。

7. 设备故障报警处理、相互备用切换控制与均衡运行策略

冷水系统的各种设备基本上都是多台（套）配备，同类之间互为备用。如果正在运行的设备发生故障需要停机，或由于其他原因退出正常的工作状态时，其他同类设备应能替代发生故障的设备投入运行，使整个系统的正常工作不受影响。发生故障的设备修复或更换后恢复正常，可重新进入系统并使系统恢复最初的工作状态。为了延长各设备的使用寿命，并使设备和系统处在高效率的工作状态，通常要求设备累计运行时间尽可能相同，即同类设备均衡运行。因此，每次启动系统时，都应优先启动累计运行小时数最少的设备，并在合适的时候进行设备切换，尽可能保持设备的均衡运行。因此，控制系统应具有自动统计设备运行时间和均衡运行调度功能。

为了实现同类设备的均衡运行，选择启动设备的策略有三种：

（1）累计运行时间最少优先启动策略；

（2）当前停运时间最长优先启动策略；

（3）轮流排队启动策略。

选择停运设备策略也有对应的三种：

（1）累计运行时间最长优先停运策略；

（2）当前运行时间最长优先停运策略；

（3）轮流排队停运策略。

2.4 高效机房控制系统设计

空调冷源系统一般有数台冷水机组。冷水机组输出的冷水进入分水器，由分水器向各空调区域的新风机组、空调机组或风机盘管等空调末端设备，冷水与末端设备的空调系统进行水/气热交换、吸热升温后返回到集水器，再由冷水循环泵加压后进入冷水机组循环制冷，这样就实现了冷水的循环过程。冷水系统由冷水机组、冷水循环泵、分水器/集水器、差压旁通调节和空调末端等构成。通过冷水供回水温度、流量、压力检测和差压旁通调节、冷水机组运行台数、循环泵运行台数的监控，实现冷水（循环）系统的控制以满足空调末端设备对空调冷源冷水的需要，同时达到节约能源的目的。

2.4.1 制冷系统监控原理

图 2-35 展示了一个典型的制冷系统的控制原理图。建筑自控系统对冷源系统运行参数监控，监控内容主要包括以下各项：

（1）集水器回水与分水器供水温度测量（一般情况下与冷水机组进/出口冷水温度相同，二者可以只选其一），以了解末端冷负荷的变化情况。

（2）冷水回水流量监测，测量流量和供回水温度结合，可计算出空调系统的冷负荷量，以此作为能源消耗计量和系统效率评价的依据。

（3）冷水机组蒸发器进出口压差监测，根据蒸发器两端压差调节压差旁通阀的开度。

（4）冷水机组运行状态和故障监测，冷水机组进水口与出水口冷水温度监测等冷水机组信息，通过与冷水机组控制面板通信获取相应信息。

（5）冷水循环泵运行状态、故障状态监测，用安装在水泵电机配电柜接触器、热继电器的触点和安装在水泵出水管上的水流指示器共同监测。当水泵处于运行状态时，其出口管内即有水流，在水流作用下水流开关迅速动作，显示水泵进入工作状态。

更为详细的设备系统运行状态与参数监控点位及常用传感器总结如下：

① 冷水机组运行状态：通过与冷水机组控制面板通信获取。

② 冷水机组故障报警：通过与冷水机组控制面板通信获取。

③ 冷水泵启停状态：取自冷水循环泵配电箱接触器辅助触点。

④ 冷水泵故障报警：取自冷水循环泵配电箱热继电器触点。

⑤ 冷却水泵启停状态：取自冷却水循环泵配电箱接触器辅助触点。

⑥ 冷却水泵故障报警：取自冷却水循环泵配电箱热继电器触点。

⑦ 冷却塔风机启停状态：取自冷却塔风机配电箱接触器辅助触点。

⑧ 冷却塔风机故障报警：取自冷却塔风机配电箱热继电器触点。

⑨ 膨胀水箱高低水位监测：取自膨胀水箱高低水位监测（传感器）输出点，一般选用液位开关，水位高限、低限、溢流位各一。

⑩ 补水箱高低水位监测：取自补水箱高低水位监测（传感器）输出点，一般选用液位开关，水位高限、低限、溢流位各一。

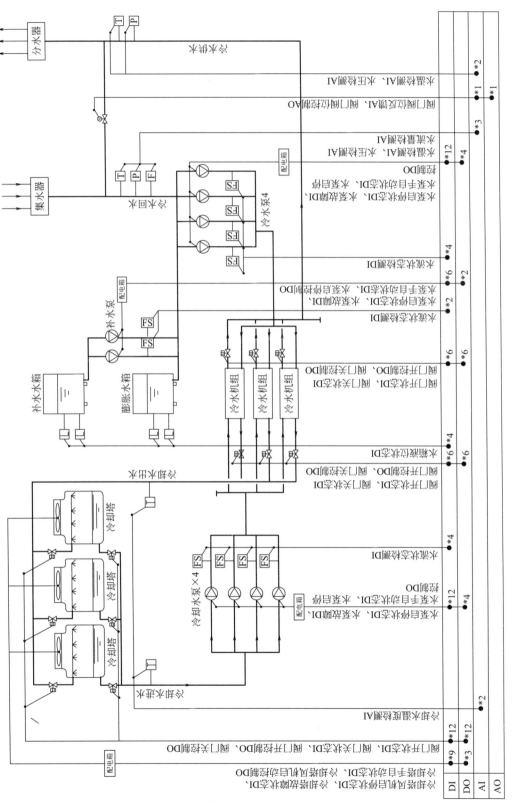

图 2-35 常见空调制冷系统的典型控制原理

⑪ 冷却塔高低水位监测：取自冷却塔高低水位监测（传感器）输出点，一般选用液位开关，水位高、低限位各一。

⑫ 水流开关状态：取自水流开关状态输出点，选用普通流量开关。

⑬ 冷水供/回水温度监测：取自安装在冷水管路上的供/回水温度传感器输出，采用管水式温度传感器，供/回水管各一：两个监测点的冷水流量应相同。

⑭ 冷水流量监测：取自安装在冷水管路上的流量传感器输出，采用电磁流量计，安装在与冷水回水温度监测点流量相同的位置，以便于与冷水供/回水温度监测值一起计算空调末端设备的实际冷负荷。

⑮ 冷水供/回水压力（或压差）监测：取自安装在冷水管路上供/回水压力（或压差）传感器输出，采用水管式液压传感器，安装在集水器入口、分水器出口冷水旁通管附近。

⑯ 冷却水供/回水温度监测：取自安装在冷却水管路上的供/回水温度传感器输出，冷却塔出水干管、回水干管各一个，采用管水式温度传感器。

⑰ 冷水机组启停控制：通过与冷水机组控制面板通信控制。

⑱ 冷水泵启停控制：从 DDC 数字输出口（DO）输出到冷水泵配电箱接触器控制回路。

⑲ 冷却水泵启停控制：从 DDC 数字输出口（DO）输出到冷却水泵配电箱接触器控制回路。

⑳ 冷却水塔风机启停控制：从 DDC 数字输出口（DO）输出到冷却塔风机配电箱接触器控制回路。

㉑ 冷水机组冷水进水电动蝶阀：从 DDC 数字输出口（DO）输出到冷水机组冷水入口电动蝶阀开关控制输入点。

㉒ 冷水机组冷却水进水电动蝶阀：从 DDC 数字输出口（DO）输出到冷水机组冷却水入口电动蝶阀开关控制输入点。

㉓ 冷却塔进水电动蝶阀：从 DDC 数字输出口（DO）输出到冷却塔冷却水入口电动蝶阀开关控制输入点。

㉔ 压差旁路两通阀调节控制：从 DDC 模拟输出口（AO）输出到压差旁路两通调节阀驱动器控制输入点。

特别需要说明的一点是在实际系统设计中，还要考虑设备的手动/自动控制的转换、设备故障维修/更换等退出自控等状态的监测，需要增加状态监视点的情况；还有像电动蝶阀都配有位置反馈信号，当需要监测时也要考虑相应的状态监视等。

上面只列出了监控点的类型和可能的实际位置，具体的数量要根据系统的规模、工作方式和具体、明确的监控功能要求进行监控点的合理配置。在实际控制系统设计、工程实施和系统运行维护中，可按照监控点的类型（模拟检测（AI）、状态/数字监测（DI）、模拟调节/控制（DO））、状态/数字控制（DO）以及各自的功能描述和具体的数量，用表格的形式进行分类统计，供系统化设计及 DDC 选型与 I/O 配置使用。表 2-9 就是楼宇自动化系统设计中常用的一种点数统计表，是根据图 2-37 的系统图编制的。现在常用的表格形式有好几种，可依据使用者的习惯选用适合自己的一种或设计新的表格。

常规楼宇自控系统设计点数统计表示例　　　　　表 2-9

监控内容	DI	DO	AI	AO	通信
冷却塔风机启停状态	3				
冷却塔风机故障报警状态	3				
冷却塔风机手动、自动状态	3				
冷却塔启停控制		3			
冷却塔进水管阀门开状态	6				
冷却塔进水管阀门关状态	6				
冷却塔出水管阀门开控制	6				
冷却塔出水管阀门关控制	6				
冷却水总管出水温度检测			1		
冷却水总管进水温度检测			1		
冷却水泵启停状态	4				
冷却水泵故障报警状态	4				
冷却水泵手动、自动状态	4				
冷却水泵启停控制		4			
冷却水泵水流状态监控	4				
冷水机组冷却水出水 阀门开状态	6				
冷水机组冷却水出水 阀门关状态	6				
冷水机组冷却水出水 阀门开控制		6			
冷水机组冷却水出水 阀门关控制		6			
冷水机组启停状态					√
冷水机组故障代码					√
冷水机组 冷却水进水温度检测					√
冷水机组 冷却水出水温度检测					√
冷水机组 冷水供水温度检测					√
冷水机组 冷水回水温度检测					√
冷水机组 冷水供水温度设定					√

续表

监控内容	DI	DO	AI	AO	通信
补水泵水流状态监控	2				
补水泵启停状态	2				
补水泵故障报警状态	2				
补水泵手动、自动状态	2				
补水泵启停控制		2			
冷水泵水流状态监控	4				
冷水泵启停状态	4				
冷水泵故障报警状态	4				
冷水泵手动、自动状态	4				
冷水泵启停控制		4			
冷水供水水温检测					
冷水回水水温检测					
冷水回水流量检测					
冷水供水压力检测					
冷水回水压力检测					
旁通阀阀门阀位状态检测			1		
旁通阀阀门阀位状态控制				1	
合计	85	25	3	1	

在高效机房的建设之中，为了高效目标的实现，常需要设置额外的点位，或者对点位的监控有更高的要求。常见的基于能效的控制系统点位对比传统的控制系统点位设置有以下监控内容变更或增加：

（1）水泵水流状态监测变更为水泵出口压力检测或进出口压差监测

由于高效冷热源机房的水泵大多数是变频水泵，由于水流开关传感器的动作对流量有一定的要求，水泵变频到较小流量运行时，根据水泵额定流量选取的水流开关传感器可能会切换为关闭状态，从而给到自动控制系统错误的反馈信号，致使自动控制系统错误运转。

（2）室外温度监测变更为室外温湿度监测

传统自动控制系统仅监测室外温度或完全不监测室外温度，这是因为在传统冷热源机房的控制逻辑中并未有相应的控制逻辑。室外温度的监测仅仅是给予冷热源机房的运营者以一定的参考，给予其除时间因素外的另一参考因素，用于决定冷热源机房的运行模式。

在高效冷热源机房的设计中，由于会加入许多的冷却塔控制逻辑，例如冷却塔的逼近度控制、冷却水变流量运行、冷却水旁通的温度控制等，因此需要室外温湿度的监测来计算室外湿球温度，给予冷却水高效控制逻辑以计算基础。

（3）新增冷却水进水总管的流量监测

基于能效设计的高效冷热源机房需要时刻对检测的数据进行能效比的计算，从而评价检测周期内的系统是否高效。因此监测数据的准确性就直接影响了评价的准确性。在制冷机房系统中，一般采用制冷机房系统测量能量平衡系数（MEBC，即供冷量和设备功耗之和与系统排热量的差异）来检验制冷机房系统的测量准确程度和测量结果可信性。在 MEBC 的计算中，需要制冷机房系统的冷却水系统排热，因此需要测量冷却水进水总管的流量，配合冷却水进出水温度来计算冷却水系统的排热量。

（4）新增制冷机组、水泵、冷却塔的用电量监测

由于制冷机房系统运行能效比是评价高效机房的最重要指标，该参数的计算需要制冷机房系统的总用电量，因此需要增加新增冷水机组、水泵、冷却塔的用电量监测。

2.4.2　控制系统架构设计

楼宇自动化技术作为自动化技术的一个应用领域，由最早期的模拟控制装置与独立的设备控制，发展成为以直接数字控制器（DDC）为主流的楼宇自动化系统，现在在云计算技术和 IoT 技术的大力发展下，也发展出了基于云的控制系统架构。整体的系统架构除了现场总线控制技术外，也随着应用需求的深入发展了多种以太网控制架构。

1. 传统的控制系统架构

目前，绝大多数的楼宇自动控制系统均为集中分散性控制系统，即控制功能分散，操作管理集中，简称集散控制系统。这是在多年集中型计算机控制失败的实践中产生的一种新的体系结构，即通过将功能分散到多台控制器上，分散危险性，同时基于应用场景的需求，采用双重化、冗余等措施增强可靠性，达到提高系统可靠性和整个系统运行安全的目的。

集散型控制系统由集中管理部分、分散控制部分和通信部分组成。集中管理部分主要由中央管理计算机及相关控制软件组成。分散控制部分主要由现场直接数字控制器及相关控制软件组成，对现场设备的运行状态、参数进行监测和控制。DDC 的输入端连接传感器等现场监测设备，DDC 的输出端与执行器连接在一起，完成对被控量的调节以及设备状态、过程参数的控制。通信部分连接集散型控制系统的中央管理计算器与现场 DDC 控制器，完成数据、控制信号及其他信息在两者之间的传递。

传统的控制系统一般采用总线型的系统架构。目前楼宇自动化系统普遍采用的是 BACnet 通信协议。BACnet 是在美国供热、制冷与空调工程师协会（ASHRAE）资助下制定的一个标准的楼宇自控网络数据通信协议，是楼宇自控领域第一个开放性的组织标准。该标准不属于某个公司专有，任何公司或个人均可以参与该标准的讨论和修改工作，并且对该标准的开发和使用没有任何权利限制。BACnet 是楼宇自控领域先进技术的体现，它代表了该领域发展的最新方向。2000 年 8 月国际标准化组织（ISO）的 205 技术委员会将《BACnet 数据通信协议》列为正式的"委员会草案"发布并进行公开评议，对该草案进行适当修改之后，成为正式的国际标准。

因此，传统的控制系统架构一般如图 2-36 所示。

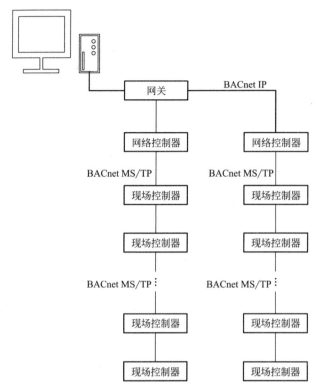

图 2-36　传统的控制系统架构

中央管理计算机通过以太网与网关连接，网关上每一个通信口通过 BACnet IP 通信协议与网络控制器连接，网络控制器通过自身自带的现场总线接线端子，采用 BACnet MS/TP 与现场控制器手拉手连接通信。可见，楼宇自动化系统采用 BACnet 协议作为网络架构的基本通信协议后，采用了多种网络技术进行信息数据的传送。其中的 BACnet MS/TP 是专门为 BACnet 制定的通信协议，用于单元控制器及其他输入输出设备之间。选用多种网络技术的原因是：

（1）用各种不同局域网性价比来适应不同场合的需求，其中以太网性价比为最高；

（2）对于不同要求的系统，需采用不同的通信速度和通信量的网络；

（3）BACnet 采用了多种不同的网络技术，以适应不同的要求。

2. 特殊的控制系统架构

由于楼宇自控系统会在多种应用场景之中控制建筑机电设备，如写字楼、酒店、数据中心、电子厂房等。基于应用场景的不同，也产生了很多特殊的控制系统架构。下面以数据中心的架构为例讲解具有冗余热备功能的控制系统架构。

由于数据中心的核心设备是机架服务器，控制数据中心冷源系统的控制系统的稳定性就尤其重要。这是因为当控制系统出现故障时，会引起冷源系统运行失调，从而对机架服务器的散热产生极大影响，影响机架服务器的运行。通常为了确保控制系统的稳定性以及发生故障后能及时切换，一般需要在控制系统架构中采用具有冗余热备的系统架构。下面以一个具有 3 个制冷单元的冷源系统进行讲解（图 2-37）。

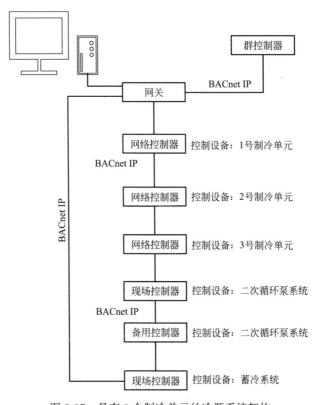

图 2-37　具有 3 个制冷单元的冷源系统架构

如图 2-37 所示，当楼宇自控系统应用在数据中心时，相比传统控制系统架构，主要的区别有：

（1）采用环形网络架构

这主要是由于当楼宇自控系统应用于数据中心的制冷机房时，需要对通信线路进行备用。当中央处理计算机同控制蓄冷系统的现场控制器发生交互时，若顺时针的通信信道发生了损坏，则可以通过逆时针的通信信道进行交互，达成线路备用的目的。

（2）控制器之间采用 BACnet IP 的通信协议

这主要是因为 BACnet MS/TP 的通信协议无法满足环形网络的要求，仅能做到总线型的布置，无法达成线路备用的目的。

（3）现场控制器与被控设备之间采用的是设备类别对应而非地理位置对应

在传统的楼宇自控系统之中，现场控制器的点位配置均是以就近地理位置为原则进行，这主要是为了节省布线成本。但在数据中心之中，为了确保控制设备的稳定性，采取的是以设备类别对应的配置方式。防止由于设备冗余的需求配置多余的控制器，或造成控制逻辑编写的混乱。

（4）新增群控制器

在数据中心控制系统架构中将会额外增加群控制器。该设备采用的设备还是网络控制器，只不过为突出该控制器的地位与功能，故取名为群控制器。群控制器的主要作用是完成制冷单元之间的协调控制，它需要接驳制冷单元的状态点位、控制点位，完成协调多个制冷单元之间的自动加减、均时运行等功能。

3. 基于云的控制系统架构

随着云技术的迅速发展以及 IoT 设备的发展，越来越多的 IoT 设备被使用在楼宇自控系统之中，并且也借用了"云"进行控制系统的架构搭建。主要常见的基于云的控制系统架构如图 2-38 所示。

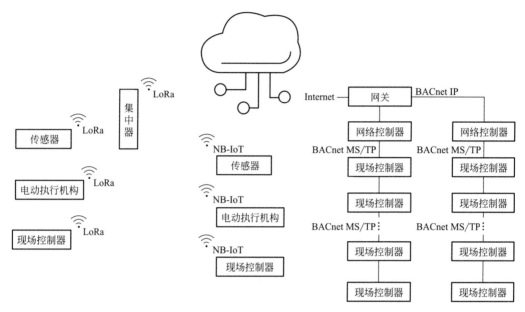

图 2-38　常见的基于云的控制系统架构

基于云的控制系统架构有非常多种搭建方式。一种是在原有架构上取消中央管理计算机服务器，系统直接通过 Internet 与"云"进行互通，在"云"上完成相应的数据处理与逻辑运算。另外一种是依赖于无线通信技术，现场控制器、电动执行机构、传感器等设备直接通过无线通信技术上传到"云"，由云来完成后续的工作。

目前主流的远距离无线通信技术主要有 NB-IoT 与 LoRa 两类。若现场控制系统相关设备采用 LoRa 无线通信技术，则需要根据现场的地理位置布置相应的 LoRa 集中器，现场控制设备通过无线信号与 LoRa 集中器组网，LoRa 集中器通过互联网与云进行通信。若现场控制系统相关设备采用 NB-IoT 无线通信技术，则相应的控制系统设备可直接通过无线信号上网，实现与云的互通。这两种无线技术各有优劣，NB-IoT 通信技术比较适用于被控设备在地理位置上及其分散的控制系统架构组建上，例如城市级的自来水公司对于智能水表的无线连接当中。LoRa 无线通信技术比较适用于设备较为集中，有私人组网需求的场合。

2.4.3　控制系统的选型要求

在楼宇自控系统的架构之中，除核心部件——现场控制器需要对各项性能进行把控外，也应当对传感器的精度有相应的要求。目前《集中空调制冷机房系统能效监测及评价标准》DBJ/T 15—129—2017 中单列了 4.3 节对测量精度和测量设备的要求进行了建议。高效机房的先锋推动者新加坡也在其 BCASS553：2016 中对传感器精度提出了要求。对比常规冷热源机房，高效冷热源机房对传感器的精度要求见表2-10。

高效冷热源机房对传感器的精度要求 表2-10

测量参数	常规机房	《集中空调制冷机房系统能效监测及评价标准》DBJ/T 15—129—2017	新加坡BCASS553：2016
温度	±0.3℃	±0.1℃	±0.05℃
温差测量不确定度（5℃温差计算）	8.5%	2.8%	1.4%
流量	±5%	±2%	±1%
电功率	±1%（1级表）	±1%（1级表）	±0.5%（0.5级表）

可见，高效机房控制系统的搭建对传感器的要求与传统机房的控制系统是不一致的。这主要是因为高效冷热源机房的控制是以机房能效比为核心控制数据的，对冷热源机房系统能效比的测量结果的计算不确定度应当控制在±5%以内。而能效比测量结果的不确定度是按照下式进行计算的：

$$U = \sqrt[2]{\sum (U_N)^2} \tag{2-6}$$

式中　U——能效比的不确定度；

　　　U_N——变量 N 的直接测量相对误差，%；

　　　N——测量变量，在采用温差乘流量计算机房供冷的系统下，N 即指供水温度变量、回水温度变量、流量变量、系统电功率表电量。

在此基础上，选择不同的传感器精度将会对冷量的测量，能效比的测量产生不同的影响，大致计算结果见表2-11。

传感器测量能效比的产生误差计算 表2-11

测量误差（读数%）			结果误差（%）	
电能	流量	温差	冷量	COP
1	1	2	2.24	2.45
1.5	2	2	2.83	3.20
1.5	3	3	4.24	4.50
1.5	3	4	5.00	5.22
3	5	5	7.07	7.68
...	...	...	...	...

使用者可以根据自身的需求，在满足冷热源机房系统能效比测量结果的计算不确定度控制在±5%以内时，根据项目成本需要选择相应的电功率表、流量计、温度传感器的相应精度。

第3章　高效机房的改造

　　各气候区、各业态的公共建筑制冷机房能耗占比都有所不同，即使按占整个建筑能耗15%计，也是一块很大的能源消耗，所以把低效运行的制冷机房改造成高效机房（空调冷源系统高效运行）是建筑节能的主要措施之一。

　　制冷机房的改造通常需有以下几个过程步骤：

　　（1）制冷机房调研

　　这项工作最好在酷夏时段进行，主要是了解当前制冷机房设备参数、管路结构、运行状况，管理人员的日常操作方式，空调区域的舒适性，以及以往机房运行、能耗数据，并实测调研日的一些气象参数、用电参数等。通过对以往历史运行能耗数据记录可以分析出机房供冷能耗密度、评估出机房效率，为下一步制定改造方案做准备。

　　（2）改造方案制定

　　经过仔细调研、实测，并了解机房暖通竣工图设计后，可以发现当前是否存在重大问题，并给出整改方案。整改方案中应包括改造投资费用，估算改造后由于冷源系统运行效率提高而节约的运行电费，通常投资回报年限5年以下较适宜去改造。

　　（3）改造施工

　　改造方案经过业主同意后，需进行改造施工，编写详尽完善的施工方案，组织施工材料、人员，保证现场施工不影响业主的空调使用（通常在过渡季节进行改造施工），保障施工人员、设施安全，保证改造施工严格遵守国家相关质量规范及本项目改造方案。

　　（4）机房调试

　　制冷机房改造施工完成后，需对改造部分及整个空调冷源系统进行调试，应涉及单体设备调试、机房水力平衡调试、冷却塔水力平衡调试、冷水机组群控调试、空调末端和制冷机房联合系统调试。

　　（5）改造交付及维护

　　机房改造交付时需记录一段时间的空调冷源系统的运行参数，展示改造后运行的机房效率、各设备用电量、供冷量，以展示整个制冷季的运行参数为佳，至少需提供一周过渡季和一周炎热天气时的机房效率，才可以证明改造的效果，从而计算出整个制冷季的机房节能量，与之前的改造方案进行比较判断是否改造实现目标。

　　改造工作交付还应包括提交改造设计图纸、改造方案、日常操作维护手册，需对物业人员做详尽的改造基本原理、日常操作注意事项、应急措施等培训。机房改造的日常维护分设备维护和控制系统（机房群控）维护。设备维护按照各设备要求进行，机房群控系统维护主要的工作是通过一段时间的运行观察，优化各项控制参数或控制逻辑，确保整个空调冷源系统（制冷机房）维持高效运行。

3.1　改造前期调研

进行高效机房改造的第一步是现场调研，搜集建筑基本信息和运行数据，这是发现机房现有问题和制定针对性改造方案的前提，是至关重要的一步。调研包括现场观察走访、关键参数监测和运行数据分析等几个部分。表 3-1 整理汇总了高效机房节能改造调研时需要搜集的必要信息。

高效机房改造调研信息及数据汇总

表 3-1

调研类目	调研内容
基本信息	地理位置、建筑面积、层高、投入使用时间、日常运营时间、主要用能种类、业态及相应分区面积
机房设备及使用情况	空调系统类型、运行时间、冷水机组/水泵/冷却塔/热泵机组等主要设备台数及性能参数、冷水供水温度/冷却塔出水温度等重要运行设定参数
历史气象数据	干球温度、相对湿度、湿球温度
机房设备运行历史参数	冷水机组负荷率/功率/COP/冷水进出口温度/冷却水进出口温度/蒸发冷凝温度等、水泵流量/功率、供回水压力、冷却塔进出口水温/风机功率
群控系统情况	有否冷热源群控系统、运行现状
能源消耗情况	近 3 年逐月能源消耗量数据
运维管理情况	物业运维管理制度

3.2　机房能效监测与仪表要求

3.2.1　机房能效监测的一般要求

制冷机房系统的测量内容应满足供冷量监测和系统能效监测的要求，从而获得制冷机房系统的供冷量和系统能效等数据。考虑到过大的记录时间间隔会导致记录数据与实际运行情况有较大的差异，因此建议制冷机房内所有数据的记录时间间隔不应大于 5min，参与制冷机房供冷量、系统运行能效比运算的数据记录时间间隔不应大于 1min。

数据采集系统应能在同一记录时间间隔内对各个监测系统对象进行准确记录，并且不影响系统的控制性能。监测内容应包括下列参数：

（1）制冷机房系统的总用电量；

（2）冷水供水温度、回水温度、流量；

（3）冷却水供水温度、回水温度、流量、冷却水补水量；

（4）室外空气干球温度和湿球温度；

（5）各台冷水机组的用电量；

（6）各台冷水机组的冷水供水温度、回水温度、供回水压差、流量；

（7）各台冷水机组的冷却水供水温度、回水温度、供回水压差、流量；

（8）各台冷水泵和冷却水泵的用电量、运行频率、进出口压差；

（9）各台冷却塔的冷却水进水温度、出水温度；

（10）各台冷却塔风机的用电量、运行效率。

3.2.2 机房能效监测内容的表现形式

能效监测系统应记录系统供冷量，冷水供水温度，冷水供回水温差，制冷机房系统测量能量平衡系数，制冷机房系统能效比，各台冷水机组的能效比，各类设备部的输送效率（包括冷水输送系数、冷却水输送系数等），冷水机组、冷水泵、冷却水泵、冷却塔风机等各类设备单独能耗占制冷机房能耗的比例的瞬时值、累计值或平均值，并以图表形式显示或生成报告。

3.2.3 测量不确定度与测量精度

根据制冷机房系统能效比的计算公式和测量不确定度的原理，制冷机房系统能效比为间接测量值，其不确定度分别是水流量、水温、用电量。对于高能效的系统，传感器的测量进度对测试结果影响很大。不对传感器进度进行约束，将导致测试结果缺乏足够的可信度，不同的项目测试结果。例如，假设水温度传感器的最大允许误差为±0.3℃，则对于设计温差为5℃的冷水系统，水温差的不确定度为6%；假设其他水流量和电量传感器不存在偏差，对于系统能效比为5的系统，其测量值的范围为4.7～5.3。如冷水实际温差更小，则误差会更大。

制冷机房能效比测量结果的计算不确定度应在±5%以内。能效比测量结果的计算不确定度按下式计算：

$$U = \sqrt{\sum (u_N)^2} \tag{3-1}$$

式中 u_N——变量 N 的直接测量相对误差，%；

N——测量变量。

例如，制冷机房能效比的测量结果的计算不确定度为冷水供回水流量相对测量误差、冷水供回水温差相对测量误差、设备用电量相对测量误差的平方和的算术平方根：

$$U = \sqrt{u_Q{}^2 + u_T{}^2 + u_N{}^2} \tag{3-2}$$

例如冷水机组功率测量不确定度 u_N =（1800±1.8）kW；冷水流量测量不确定度 u_Q =（1600±48）m³/h；温差测量不确定度 u_T =（5±0.1）℃，则根据上式可得制冷机房系统综合能效比实际不确定度为：

$$U = \sqrt{0.1^2 + 3^2 + 2^2} = 3.6\% \tag{3-3}$$

水温度、水流量、用电量、空气温度、空气湿度的测量不确定度或最大允许误差应满足表3-2的要求。其中测量仪器的选用和设置应考虑各个物理量测量的传感器、信号调节、数据采集和接线系统对系统测量精度的影响。

测量不确定度或最大允许误差　　　　表3-2

测量内容	测量不确定度或最大允许误差
水温度	±0.1℃
水流量	±2%
用电量	±1%
空气温度	±0.2℃
空气湿度	±3%

测量误差对结果的影响见表3-3，数据来源于 ASHRAE Guideline 22-2012。

测量误差对结果的影响　　　　表3-3

测量误差			结果误差	
能耗误差（%）	流量误差（%）	温度误差（%）	容量误差（%）	COP 误差（%）
1	1	2	2.24	2.45
1.5	2	2	2.83	3.20
1.5	3	3	4.24	4.50
1.5	3	4	5.00	5.22
3	5	5	7.07	7.68
3	7	7	9.90	10.34
3	7	12	13.89	14.21
3	10	10	14.14	14.46
3	7	12	15.62	15.91
3	10	15	18.03	18.28
5	15	15	21.21	21.79
5	10	20	22.36	22.91
5	7	24	25.00	25.50
5	10	25	26.93	27.39
5	15	25	29.15	29.58

3.2.4　测量仪表的选择

高效制冷机房中测量仪表主要包括但不限于温度传感器、流量传感器、压力传感器、智能电表等。测量仪表应根据相关的国家或产品标准进行标定校准。

传感器测量范围和精度应与采集端及二次仪表匹配，且不低于工艺要求的控制和测量精度。

（1）温度、湿度传感器

与其他温度传感器相比，热电阻对温度变化的灵敏度较高。有条件则采用铂电阻温度传感器。铂电阻温度传感器的温度特性曲线接近线性，而且具有时间稳定性高，配对精度高的优点，适合于温度测量。温度、湿度传感器测量范围宜为测点温度范围的1.2～1.5倍。供、回水管温差的两个温度传感器应配对选用，且温度偏差系数应同为正负。

测量冷水和冷却水温度的传感器应采用插入式传感器，以减少测量误差。当管道尺寸较大或流量范围变化较大时，有条件则可在管道上安装多个温度传感器，采用图 3-1 的接线方式，以减少测量误差。插入式水管温度传感器应保证测头插入深度在水流的主流区范围内，安装位置附近应无热源及水滴，重要的温度测点应设置备用校正孔。

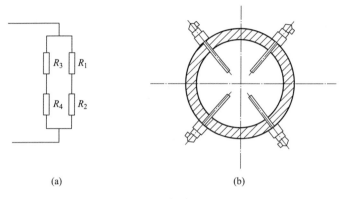

(a)　　　　　　　　　　　(b)

图 3-1　接线方式

测量空气温度的传感器应进行合理的辐射防护。

（2）流量传感器（计）

流量传感器（计）可采用超声波流量传感器或电磁流量传感器。超声波流量传感器（计）是通过检测流体流动对超声束（或超声脉冲）的作用以测量流量的仪表。电磁流量传感器（计）是一种根据法拉第电磁感应定律来测量管道导电介质体积流量的感应式仪表。不同类型流量计对比见表 3-4。

不同类型流量计对比　　　　　　　　　　表 3-4

	电磁流量计		管段式超声波流量计		外夹式超声波流量计	
	优点	缺点	优点	缺点	优点	缺点
结构	结构简单,轻便,制造成本较低		结构完整,整表出厂,计量精度稳定		结构简单,轻便,制造成本较低	
压损	压损小,运行费用低		压损小,运行费用低		压损小,运行费用低	
抗磁干扰		差	好		好	
选型	一种结构可用于多种口径,可减少用户备用数量		需根据口径及流量选配相应的流量计		一种结构可用于多种口径	
精度	一种结构可用于多种口径,可减少用户备用数量	精度很难提高,一般只能达到±(3%~5%)	精度高,准确度达1%		精度高	
		现场情况复杂,对其应用有较大影响,难以标准化				现场安装需规范,对其应用有一定影响

续表

	电磁流量计		管段式超声波流量计		外夹式超声波流量计	
	优点	缺点	优点	缺点	优点	缺点
安装	便于包装,运输,安装,维护	管道中的流速分布对测量精确度影响太大,要求直管段长达30D～50D	安装方便,直管段要求低,5D～10D		安装方便,直管段要求低,5D～10D	
	可不断流进行安装、拆卸,避免了断流造成的经济损失			需断流拆卸,适合新建项目	可不断流进行安装、拆卸,避免了断流造成的经济损失	
性价比	低		高		高	

流量传感器量程宜为系统最大工作流量的 1.2～1.3 倍,量程比宜大于等于 50：1。传感器的安装位置直接影响采集数据的准确性,其安装位置应能准确反映被测对象的实际参数。

流量传感器安装位置前后应保证产品所要求的直管段长度或其他安装条件;应选用具有瞬态值读数的流量传感器;宜选用水流阻力低的产品。

（3）用电量测量仪

用电量的测量,应符合下列规定：

① 测量包括功率因数在内的正均方根三相电量;

② 用电量测量仪器能根据所测得的电压、电流和功率因数生成的有效值功率;

③ 对带变频器的设备,用电量测量计量变频器的输入用电量;

④ 电机输入功率检测应按现行国家标准《三相异步电动机试验方法》GB/T 1032 规定的方法进行;

⑤ 电机输入功率检测宜采用两表（两台单相功率表）法测量,也可采用一台三相功率表或三台单相功率表测量;

⑥ 当采用两表（两台单相功率表）法测量时,电机输入功率应为两表检测功率之和;

⑦ 建议采用数字功率表作为用电量测量仪。

（4）压力（压差）传感器

测压点和取压点的位置设定直接影响着系统的控制逻辑与水泵的能耗,常见的测压点和取压点位置主要有两种,安装在供、回水总管或水系统最不利环路远端。应根据系统需要和介质类型确定测压点和取压点的位置。

压力（压差）传感器的工作压力（压差）应大于该点能出现的最大压力（压差）的 1.5 倍,量程宜为该点压力（压差）正常变化范围的 1.2～1.3 倍,在同一建筑层的同一水系统安装的压力（压差）传感器应处于同一标高。

（5）空气温度、湿度传感器

壁挂式空气温度、湿度传感器应安装在空气流通、能反映被测区域的空气状态。

3.2.5 制冷机房能效监测验证

制冷机房系统测量能量平衡系数（MEBC）是检验制冷机房系统能效监测系统的测量准确程度和测量结果可信性的重要指标。

采用制冷机房系统测量平衡系数对系统的不确定度进行验证。在所有测试数据中，应有不少于80%的数据组制冷机房系统测量能量平衡系数在±5%以内。

$$MEBC = \frac{Q_e + W - Q_c}{Q_c} \times 100\%$$ (3-4)

式中　$MEBC$ ——制冷机房系统测量能量平衡系数；

　　　Q_e ——制冷机房系统的冷水系统的热量，kWh；

　　　W ——制冷机房系统的各台制冷机的压缩机做功之和，kWh；

　　　Q_c ——制冷机房系统的冷却水系统排热。

3.2.6 监测系统的数据存储与监视

监测系统界面显示要与项目实际的系统流程一致。

监测系统应同时具备监测、数据存储和数据查看的功能，能在不影响控制性能的前提下自动以统一采样间隔收集和存储所有采样点的数据，并以一定的时间间隔自动存储在数据库中，存储的时间间隔不少于每天一次，且记录的数据应能以开放通用的文件格式导出，所有数据应标记数据记录的时间信息。监测系统的数据存储应能存储不少于3年的数据量。

数据应当以便于数据分析和运行检查的方式进行分组记录和显示，删除或修改数据库数据的权限应采用密码保护。当数据通信功能中断时，建筑管理系统或能源管理系统应在通信恢复后自动从现场控制器将数据导入并保存。

数据的采集和监视应采用具有远程监控能力的建筑管理系统或能源管理系统进行。监测系统能以图形化界面显示下列反映制冷机房系统整体运行情况的内容：

（1）所有监测点的位置以及各个监测点的监测结果；

（2）冷水机组、冷水泵、冷却水泵、冷却塔等主要设备的运行状态；包括启停状态、有功功率、有功电能、视在功率、相电流、相电压、相功率因数、相全载电流、部分负荷以及蒸发器和冷凝器的趋势温度；

（3）参数设定值随时间变化的趋势图，包括冷水供水温度设定值、冷水回水温度设定值、冷柜式流量变化率设定值、最大电流限制设定值和水压差设定值；

（4）制冷机房系统能效比；

（5）室外干球温度和湿球温度；

（6）系统冷负荷和总排热量；

（7）冷水的供回水温度、冷水输送系数、冷却水输送系数、空调末端能效比等；

（8）各类设备单独用电量占制冷机房总用电量之比的瞬时值；

（9）各类设备单独的耗电量；冷水机组的瞬时相电压、电流、功率因数、功率和视在功率等以及累计耗电量的内容可在单独界面显示。

另外，监测系统应显示制冷机房的系统测量平衡系数的测试结果及相关测试数据。

3.3 运行数据分析方法

随着建筑自动控制系统和用能管理平台的应用和普及，建筑机电系统的运行和用能数据得到了记录和标准化存储，区别于以往的运维人员手抄，在数量和质量上都有了很大提升，因此数据专家可以通过分析系统的运行及相关数据判断其状态和健康度，对于可能出现的故障提前处理，从而提升系统的能效和可靠性。

3.3.1 数据需求

与建筑机电系统相关的数据主要包括以下几类：

（1）建筑基本信息

建筑基本信息包括业态、几何参数及物性参数。其中，业态的不同是造成不同建筑运行特征及能耗不同的主要因素之一，例如同一地区的商业建筑大概率比办公建筑能耗强度（单位面积能耗）更高，因为相比于办公建筑，商业建筑的照明强度高、人流量大、营业时间更长，因此进行数据分析最基本的原则是进行同类比较，不同类型或业态的建筑的能耗没有可比性。需要注意的是，同一类型的建筑也有区别，例如互联网大厂办公楼和政府办公楼的使用强度不同，其能耗也有较大差距，因此在进行能耗数据分析统计时不应仅粗略了解其基本业态，更要关注可能对建筑能耗造成影响的因素（例如前文提到的照明功率密度、人员密度、营业时长，以及建筑对舒适度的要求等），据此分门别类统计才更具有价值。几何参数包括建筑面积、层数、体形系数、窗墙比等。一般来说，在分析能耗强度时会发现，建筑面积与能耗有一定的相关性，在实践中通常根据建筑面积进行划分为大、中、小型建筑分别进行统计分析，这可能从直觉上较难理解，深入分析即可发现并不是建筑面积这个变量本身对能耗造成影响，而是不同体量建筑的机电系统形式有所差异。物性参数包括墙体、屋面及窗户传热系数等与建筑材料性质相关的参数，这些参数会影响建筑围护结构与外界的传热。

（2）气象参数

气象参数包括温湿度、CO_2 含量、太阳辐射相关参数等。这类参数也是对建筑能耗造成影响的主要参数。室外环境参数（主要是温湿度）是室内环境波动的驱动因素，空调系统出力也主要是为了补偿这股力量带来的室内温湿度波动，使其维持在满足人体舒适度的范围内。另一方面，室外环境也对空调设备的性能起关键作用。综合之下，一般建筑能耗受室外气象条件影响是非常大的。因此要分析不同建筑之间的空调系统性能，必须首先刨除室外气象条件造成的影响才有意义，例如进行节能改造前后的节能量计算时不能直接将改造前后的能耗直接相减，正确的做法是要将两个时段的能耗进行气象统一或归一化处理。

（3）系统运行参数及能耗数据

系统运行参数包括机组设备和供冷/热介质的状态参数，例如送风温度，系统各节点的温度、压力、流量等；能耗数据，包括各个设备的耗能量，能源种类包含电、气等。这些参数可以直接反映空调系统运行状态，计算出表征系统能效和健康度的各类指标和图表。这类数据随着时间不断改变，被称为"时间序列数据"，这些不断变化的数据中蕴含着很多信息，通过数据挖掘方法可以发现建筑运行过程中隐藏的特征，进行故障诊断、负荷（能耗）预测等，大部分的机电系统数据分析和挖掘工作都是围绕此类数据展开的。

上述数据的获取主要来自建筑的自动控制系统和用能管理平台，可直接从其数据库中读取下载指定时间区间内的数据。对于没有部署完整采集点的系统，为了不影响其正常使用，可以在需要的点位加装无线传感器，目前常用的无线传输技术有 LoRa 等。数据采集的频率根据需求而定，一般对于系统能效进行分析的项目使用逐时数据即可，若涉及系统控制或故障预判则需要 15min 颗粒度的数据。

图 3-2 展示了数据分析的一般过程，其中前处理是进行有效数据分析的前提，具体的前处理方法将在下一小节展开讨论，进行数据分析的工具和算法也将在后续小节逐一为读者揭晓。

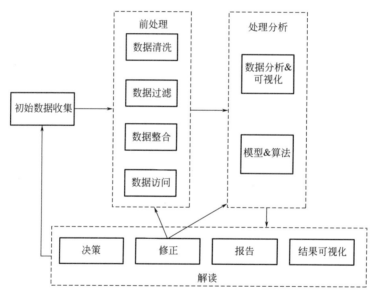

图 3-2 数据分析一般过程

3.3.2 数据前处理方法

1. 数据分布分析

在获得所要分析的数据集之后，首先要对数据整体有大概了解，分布分析能揭示数据的分布特征和分布类型，便于后续的数据清洗工作。对于定量数据，欲分析其分布形式，是对称的、还是非对称的，可以做出频率分布图、绘制频率分布直方图等进行直观分析；对于定性分类数据，可用饼图和条形图直观地显示分布情况。在分析建筑空调系统相关数据时，通常的分析对象是时间序列数据，对于这类数据可通过以下几类图表绘制方式进行数据分布展示。

（1）折线图

折线图是展示时间序列数据最直观展示方式，横坐标是时间标签，纵坐标是观测变量值，可以发现观测变量随时间的变化趋势、周期性及震荡幅度等。但折线图展示的信息是很有限的，需要借助不同其他数据可视化方法，见图3-3。

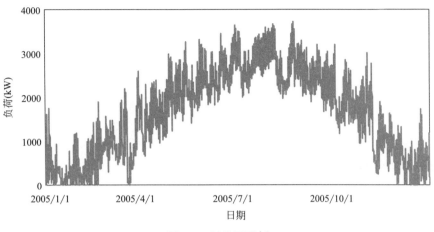

图 3-3 折线图示例

（2）直方图

直方图，又称质量分布图，是一种统计报告图，由一系列高度不等的纵向条纹或线段表示数据分布的情况，见图3-4。一般用横轴表示数据类型或区间，纵轴表示各类型对应或落入某一区间的数据数量。直方图是数值数据分布的精确图形表示。这是一个连续变量（定量变量）的概率分布的估计，为了构建直方图，第一步是将值的范围分段，即将整个值的范围分成一系列间隔，然后计算每个间隔中有多少值。这些值通常被指定为连续的，不重叠的变量间隔。间隔必须相邻，并且通常是（但不是必须的）相等的大小。直方图也可以被归一化以显示"相对"频率。然后，它显示了属于几个类别中的每个案例的比例，其高度等于1。频率图的一种变形是密度曲线图，即将横坐标范围分段无限细分，对应的分布形状是光滑的曲线，见图3-5。

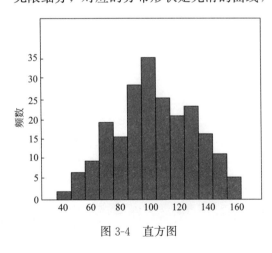

图 3-4 直方图

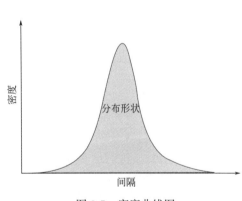

图 3-5 密度曲线图

对于分布不均匀、跨度大、频率分布图呈非常细的柱形状的数据集，通常将其进行log变换，如图3-6所示，相比之下log变换后右边分布更接近正态分布，这种变换是非常重要的，可以帮助数据集在后续进行机器学习分析时取得更好的效果。

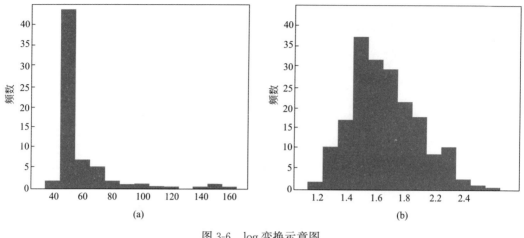

图 3-6　log 变换示意图

（a）log 变化前；（b）log 变化后

（3）箱形图

箱形图又称为盒须图、盒式图或箱线图，是一种用作显示一组数据分散情况资料的统计图，因形状如箱子而得名，见图 3-7。它主要用于反映原始数据分布的特征，还可以进行多组数据分布特征的比较。箱线图的绘制方法是：先找出一组数据的上边缘、下边缘、中位数和两个四分位数；然后，连接两个四分位数画出箱体；再将上边缘和下边缘与箱体相连接，中位数在箱体中间。一般通过箱形图判断异常值的原则是大于 $Q_3 + 1.5IQR$ 或小于 $Q_1 - 1.5IQR$，其中 Q_1 和 Q_3 分别为上、下四分位数，IQR 为 $Q_3 - Q_1$。

（4）小提琴图

小提琴图和箱形图类似，结合了箱线图和密度图的特征，用来显示数据的分布形状，见图 3-8。中间的黑色粗条表示四分位数范围，从其延伸的细黑线代表 95% 置信区间，而白点则为中位数。其外侧曲线是密度线。小提琴图相比箱形图蕴含的信息更多，表现形式更简洁。

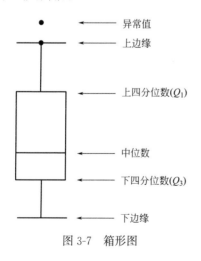

图 3-7　箱形图

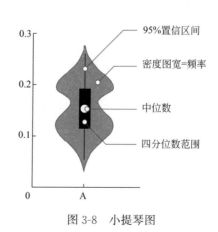

图 3-8　小提琴图

另外，除了采用可视化方法展示数据分布特征，还可用统计指标对定量数据进行统计描述，常从集中趋势和离中趋势两个方面进行分析。平均水平的指标是对个体集中趋势的度量，使用最广泛的是均值和中位数；反映变异程度的指标则是对个体离开平均水平的度量，使用较广泛的是标准差（方差）、四分位间距、变异系数等。

2. 数据清洗

表3-5总结了在实际工程中可能遇到的数据质量问题，因此数据清洗或修正对于整个数据分析和挖掘过程是至关重要的，只有基于高质量数据挖掘出的模式或规律才对实际工程有指导意义。

公共建筑能耗计量数据常见问题 表 3-5

错误种类	原因	表现
数据缺失或值为零	数据传输系统失效	无数据传输至平台
	测量仪表失效	没有数据记录或值为零
	数据采集系统失效	没有数据记录或值为零
数据值为负数	电流反向流动	实测耗电量为负数
比例偏差	电流或电压缺相	实测耗电量趋势合理但绝对值偏低
数据扰动	环境干扰	短时间内大幅偏离实际值

数据清洗的主要任务就是填充缺失值和去除数据噪声。无论是对于数据缺失还是异常，处理的过程分为两步：首先找到有问题的数据点，对于缺失或明显异常的数据点很容易处理，对于一般的异常数据点则需要采取统计分析方法才能够识别；其次是根据正常数据的分布特征对缺失点或异常点进行填补修正。需要说明的是，上述方法仅对存在少量异常或缺失的情况适用，当数据集有较多数据被破坏时，需要具体评估该数据集是否还有应用价值。

（1）异常数据识别

数据中的异常值（也称为"离群点"）可能蕴含着重要警示信息。在时间序列数据中，"异常"可能是在特定时间点的外部误差或外生变化，只影响此特定时刻的观测值；也可能是由于内部变化或噪声过程中的内源性作用引起，影响所有后续观测值。对此，文中将给出阐释分述如下。

① 基于统计学方法的异常识别

a. 3σ法则。该方法的缺点是需要先前获知序列的分布模型，而对于大多数序列而言难以描述其分布模型。通常采用绘制箱型图（连续型变量）及频谱图（类别型变量）来显式地将异常数据点从数据集中剥离出来，如图3-7所示。对于符合现实规律的数据集，其单个数据点不可能是孤立的，一般彼此接近后服从某一分布，明显偏离于簇类或分布之外的数据点大概率是异常值。

b. 回归分析。将时间作为自变量，序列值作为因变量，依据历史数据建立回归模型，如果预测值与观测值相差大于指定值，则认定为异常。主要有自回归（Autoregressive Model，AR）模型、自回归移动平均（Auto Regressive Moving Average Model，ARMA）模型，但该类方法存在难以确定序列所属模型问题。

c. 相似性度量。主要以欧式距离、动态弯曲距离、编辑距离等作为测度函数，进行异常值检测，并可以借助于模式表示方法对原序列进行特征提取，以减少干扰和计算复杂度，提高算法的效率，具有较好的鲁棒性。

d. 聚类分析。利用聚类算法对数据进行聚类，最终不能被聚类或者数据个数少的被视为"异常"，但需要满足数据集中大部分样本都是正常的或者异常占比例较小的前提条件，主要有 DBSCAN、K-means 及其改进算法。

② 基于模式表示的方法

时间序列具有海量性的特点，直接对其进行异常检测所耗费的计算量和时间是十分巨大的，而模式表示可以保留原序列的形态趋势，去除干扰并进行一定程度的压缩，大大简化了计算复杂度，提高了算法计算效率。目前主要有频率表示、奇异值表示（Singular Value Decomposition，SVD）、符号聚合近似（Symbolic Aggregate Approximation，SAX）、分段线性表示（Piecewise Linear Representation，PLR）、分段聚合近似（Piecewise Aggregate Approximation，PAA）等。

（2）数据缺失处理

在数据采集过程中，产生数据缺失的机制主要有完全随机缺失、随机缺失和非随机缺失三种情况。其中，完全随机缺失完全由随机因素造成，随机缺失只依赖于已观测到的变量值，非随机缺失与缺失值自身有关。根据数据缺失机制与观测变量间的关系及不同的研究目标，采取不同方法处理数据缺失。

① 基于统计学的填充方法：主要有固定值填充、常用值填充、均值填充、中值填充、上下文数据填充、插值填充等。

② 基于模型的填充方法：主要有自回归模型（Autoregressive Model，AR）、自回归差分移动平均模型（Autoregressive Integrated Moving Average Model，ARIMA）、马尔科夫链蒙特卡罗法等。此类方法的缺点是模型的误判容易导致估计值不够准确。

③ 基于机器学习的填充方法：主要有最近邻（K-Nearest Neighbour，KNN），递归神经网络（Recurrent Neural Networks，RNN），期望最大化算法（Expectation Maximization，EM）等。

（3）噪声处理

在数据采集过程中，噪声是不可避免的、不随原信号变化、无规律的额外信息，一般从时域和频域两个方面来进行分析。

① 时域滤波方法

主要有滑动平均滤波、算术平均滤波、中位值滤波、自适应滤波等。时域滤波实际就是对数据进行平滑化处理，去除序列中的噪声，但计算量大且可能忽视时间序列局部细节变化。

② 频域滤波方法

传统的频域滤波法是将信号从时域变换到频域，通过设定阈值将不同频率的信号分开，主要有低通滤波、高通滤波、带通滤波等，但由于需要获取序列的先验知识且一定程度忽视了时间这一特征，无法准确展示序列细节变化，所以实际应用较少。随着小波理论的发展，其克服了傅里叶变换的缺点，在时序去噪方面主要有小波分解与重构法去噪、小波变换阈值去噪、小波变换模极大值去噪。

3.3.3　数据分析方法及应用场景简介

1. 数据分析方法

从技术角度讲，数据分析或挖掘包括一系列的方法和工具，适用于不同的问题和情况，其中比较广泛使用的包括分类、聚类、回归、关联规则挖掘等。

分类是指基于每个对象集的特征对其赋予恰当的标签。支持向量机方法是常用分类算法，建立在统计学习理论的 VC 维理论和结构风险最小原理基础上的，根据有限的样本信息在模型的复杂性（即对特定训练样本的学习精度）和学习能力（即无错误地识别任意样本的能力）之间寻求最佳折中，以求获得最好的泛化能力。决策树也是比较常用的数据分类方法，同时它还具有可视化的功能，可读性强。随机森林、LightGBM、XGBoost 等是基于决策树模型的构建的集成算法（Ensemble Learning），通过组合多个弱分类器，最终结果通过投票或取均值，使得整体模型的结果具有较高的精确度和泛化性能，相比于单一模型，集成模型有更高的精度，因此在工程及算法比赛中被广泛使用。除此之外，贝叶斯分类、神经网络等方法也被用于分类。

回归分析主要是用来建立输入和输出变量之间的映射关系，被广泛应用于预测，选择回归变量时一个很重要的条件是输入变量之间相互独立，否则会造成冗余。回归算法可分为线性和非线性两类，线性算法较简单，只能用来表示输入输出之间的线性映射关系，常用算法有线性最小二乘法、贝叶斯线性回归等，但是由于现实情况中大部分情况输入输出的关系非常复杂，不是简单的线性关系能表达的，因此非线性回归更加应用广泛，上述提及的算法包括人工神经网络（ANN）、支持向量机回归（SVR），以及基于树模型的集成模型都是常用的回归算法，其中集成模型在回归问题中相较于单一算法模型通常也有更好的表现。

聚类分析是寻找数据内部的分布结构，将其划分成若干簇。常用的聚类算法可以分为：原型聚类、层次聚类和密度聚类。聚类算法通常是非监督学习，因此在没有额外信息的情况下，聚类通常是数据分析的第一步。

关联规则分析是从数据背后发现事物之间可能存在的关联或者联系，该方法通过分析两个变量同时出现的频次来确定形如 A→B 的因果关系。Apriori 算法及其改进形式是最常用的关联规则分析算法。支持度和置信度是判断关联规则是否显著的两个常用指标，关联规则挖掘就是从数据集合中挖掘出满足支持度和置信度最低阈值要求的所有关联规则。

2. 数据挖掘在建筑节能中的应用

（1）系统健康度诊断

在实际项目中大部分系统运行能耗偏高、能效偏低，但没有明显故障，笔者将这种情况称为系统"亚健康"，可以通过数据挖掘方法分析出问题的所在。图 3-9 是对某制冷机房的冷水机组运行数据进行了聚类分析，横轴表示冷却水进出水温差，纵轴表示冷水的进出水温差。从聚类结果可以看出，冷水机组运行数据很明显地分为两类，两个聚类的中心坐标分别是（1.47，0.86）和（4.81，4.57），两个聚类的数据点数量分别为

480 和 2680。其中，中心坐标为（1.47，0.86）的聚类点，显示了冷水、冷却水的供回水温差都较低，远远低于额定值5℃温差，说明水泵流量过大，可以通过降低水泵水量，节省水泵能耗，存在较大的节能空间。

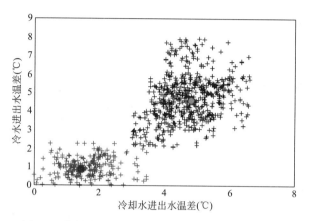

图 3-9　某制冷机房的冷水机组运行数据的聚类分析

（2）用能模式识别

用能模式识别是指从能耗计量数据及系统运行数据中挖掘出该建筑的用能和系统运行规律，例如空调的启停时间、室内温度控制区间以及能耗大小的关联影响因素等。从挖掘出来的用能模式可以探知是否有节能空间以及该制定何种节能策略，另外既有建筑用能模式还能用于指导新建建筑的供能系统规划设计，例如指导冰蓄冷系统的容量设计，以及片区电力能源调度策略的优化。图 3-10 展示了一个典型的用电负荷聚类结果，某建筑全年的日用电负荷分布经过聚类分析后被分成三个模式，图中灰色细实线为实际的用电负荷，黑色粗实线为聚类后得到的典型用电曲线，可以代表该类负荷特征。

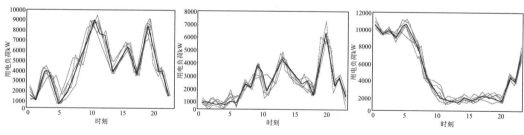

图 3-10　一个典型的用电负荷聚类结果

（3）室内环境数据分析

室内人数和人员活动情况是影响建筑能耗的关键因素，本节案例以灯具的开关状态、空调运行时间占空比、室内温度、室外温度、室内湿度、室外湿度、耗电功率、二氧化碳浓度八种室内环境数据为输入，与室内人数进行了关联分析，关联的结果如表 3-6 所示，表中按照关联度从大到小排列，L 表示输入的环境数据，R 表示被关联的室内人数，Support 表示该种输入-关联组合在总数据中出现的比例，Confidence 表示在出现 L

所示的输入数据时出现 R 所示的关联数据的概率，Lift 表示关联度的大小。表 3-6 的关联分析结果进行了可视化，数据关联分析结果显示，室内小时平均人数小于 0.5 与关灯、空调运行时间占空比为 0.3～0.8 关联度最大，说明室内人数较少时，虽然灯关了，但是空调运行时间比例还很大，可以减少空调运行时间，存在较大节能的潜力。这种数据关联分析，可以显示出建筑设备的运行情况是否合理，发现节能潜力。

某建筑室内环境参数分析结果　　　　　　　　　　　　　　表 3-6

L	R	Support	Confidence	Lift
{lights=OFF,AC=[0.3,0.8]}	{human_num=<0.5}	0.00798	1.00	5.446
{out_humi=<60,CO$_2$=>800}	{human_num=>6.5}	0.0058	1.00	5.320
{CO$_2$=<500,lights=OFF}	{human_num=<0.5}	0.029	0.636	5.313
{time=0-8am,CO$_2$=<500}	{human_num=<0.5}	0.029	0.975	5.313
{AC=[0.3,0.8],Power=<100}	{human_num=<0.5}	0.00798	0.916	4.992
{in_humi=>50,Power=>400}	{human_num=[3.5,6.5]}	0.0276	0.808	3.315

3.4　制冷机房常见问题及改造建议

已有建筑的机房改造，以更换高效冷水机组及相关设备为主，对这些高能耗设备的自动控制改造也是提高机房效率、降低机房能耗的重要手段。相对而言，对已有建筑制冷机房中的管路改造较为少见，考虑到改造回报率。本节就已有建筑的制冷机房改造常见的问题给予介绍，并针对每个问题给出改造建议。图 3-11～图 3-14 是制冷机房常见问题。

（1）冷水机组蒸发器/冷凝器换热差

冷水/冷却水质较差，长时间使用造成冷机换热铜管内壁结垢、油膜等，换热效率差导致机组能效低。

改造建议：定期检测冷水/冷却水水质，定期对机组蒸发器/冷凝器铜管进行机械清洗，冷水侧采用胶球清洗装置，使用、维护好化学水加药装置。定期清洗冷却塔填料、集水盘，定期清洗各空调末端处的 Y 形过滤器。

（2）冷水/冷却水工况不佳导致机组效率较低

冷却水流量不足，导致进出冷水机组的冷却水平均温度偏高，冷水机组因冷凝压力高而效率低，甚至限制了冷水机组的加载。冷却塔及风机运行方式不佳，导致进出冷水机组的冷却水平均温度偏高

改造建议：定期清洗冷却水侧 Y 形过滤器；检测流经冷水机组的冷却水流量，通过减少阻力器件或提升水泵频率或做好水力平衡来避免冷却水严重不足（通常不应低于额定流量的 20%）。因此高效机房控制中也要注意冷却水变流量要有下限保护。通过高效机房控制系统，采用合理的控制策略对冷却塔台数及风机进行控制调节，以实现：①冷却塔出水温度应较低；②在同样的换热量下，冷却塔风机的能耗最少。

（3）冷水机组水流量分布不均

多台冷水机组运行时，流经冷水机组的冷水/冷却水流量不平衡，导致欠流量的机

组效率较低。

改造建议：通过对水系统的水力平衡调试解决该问题。

（4）冷水出水温度设置不合理

冷水机组冷水出水温度设定值较低，导致机组运行效率偏低；每台机组冷水出水温度设定值不合理，冷量分配不合理，使得冷机处于低效区运行。

改造建议：通过高效机房控制系统，自动优化冷水机组出水温度设定值；每台机组都根据该优化的出水温度设定值来自我调节。对于定频冷水机组而言，通常制冷百分比越低其运行效率也低。故应避免多台冷水机组都是低制冷百分比运行。通过高效机房控制系统，科学地自动进行加/减机控制解决该问题。对于变频冷水机组，通常处于较低制冷百分比时效率最优，需分析在某一确定工况下的冷量需求和冷水机组的效率曲线，来确定冷水机组的运行台数。

（5）冷水泵运行不合理

物业人员对制冷系统的理解不深入，凭经验手动控制水泵开启台数和频率。可能出现并联水泵运行频率不一致，冷水机组与水泵运行台数不一致的情况，降低系统效率。项目实践中，操作人员有时发现一对多，或多对一也没发生什么大问题，甚至还能解决一些问题（如多开水泵解决了末端空调制冷量不足的问题，如2台水泵供应3台冷水机组，可以节省1台水泵的开启运行能耗）。这些操作其实隐含了一些问题，如多对一，可能造成大流量小温差，水泵能耗大了，为什么有时多开水泵就能解决末端的舒适性问题？很大可能是末端水力平衡没有做好，需要去解决末端水力平衡的问题，而不是用多开冷水泵来弥补。

改造建议：建立高效机房群控系统，对冷水泵的运行台数、运行频率进行自动调节。末端水系统定期进行水力平衡调试。

（6）冷水供回水温差较小

水泵台数或频率控制不合理导致流量过大。末端换热效率低，换热温差小。二次泵系统盈亏管有混水逆流现象。

改造建议：通过高效机房群控系统，采用正确的控制调节策略，例如变压差控制、温差控制等方法，合理地决定水泵运行台数及水泵频率，避免3℃以下的温差。对于末端换热效率低且无改造条件的项目，可适当调低供水温度来拉大换热温差，但需综合考虑降低冷水出水温度导致的冷水机组能耗增加能否被水泵能效减小抵消。

（7）冷却塔的不合理运行

物业人员凭经验确定开启冷却塔的台数和风机转速，不考虑冷却水温对冷水机组效率的影响。

改造建议：建立高效机房群控系统，在综合考虑系统效率最优的情况下控制冷却塔启停和风机转速。在没有群控、无法做到全局优化的情况下，从实践经验来看，冷却塔可比冷水机组多开一台，降低冷却水出水温度，提高冷水机组效率。

（8）冷却塔的流量不平衡

塔与塔之间的水力平衡没有做好，导致流经每个塔的冷却水量不均衡。其结果就是，流经水量少的塔，其出塔水温较低；流经水量多的塔，其出塔水温会较高。总的结果是冷却水未被足够地冷却。

改造建议：做好冷却塔的水力平衡调试，以及每个塔的补水均匀的调试。

（9）供冷品质的保障问题

保障建筑的舒适性是空调系统的根本目的。鉴于制冷机房提供的是冷水，所以冷水的流量、温度是否合适很大程度上决定了空调末端供应空调能力的强弱，决定了建筑的舒适性。

高效机房运行对于节能降耗十分显著，但是我们需要避免一些误区，如追求极致的机房效率值，忽视供水流量、温度的品质。

冷水供水温度设定过高。冷水供水温度每提高1℃，可提高有2％～4％的冷水机组效率，但较高的供水温度会使空调末端的换热能力急剧下降，尤其是在高负荷天气。因此冷水供水温度可以在部分负荷时高些，但一定要节制，避免末端换热能力变差，回水温度无法反映实际冷负荷的需求，冷机缓慢加载。

冷水泵依据供回水温差来调节转速（频率），大温差设定值会使冷水泵大多数情况运行在小流量（低频），水泵的功率很小，但忽视（或称牺牲）了供水流量品质，很有可能会影响空调末端的供冷能力，尤其是空调末端选型、水力计算是按传统的5℃温差设计时，大温差水系统运行更要谨慎。另外，考虑到多数项目水力平衡都不佳，小流量供水会加剧局部欠流末端的换热能力。

改造建议：机房供冷品质是指冷水供水流量和温度，目的是满足空调末端的换热需求。

机房供冷的连续性也应该是评判机房运行是否正常的重要指标之一。大型冷水机组（尤其是离心式冷水机组）有各类保护机制，冷水/冷却水流量、水质、制冷负荷、流量变化率、室外工况都可能触发冷水机组保护停机，在第一时间待命冷水机组能立即启动（通过自控），及时保障供冷的连续性也非常重要，尤其是一些微电子、数据中心行业、生物制药、化学/化工行业。所以供冷的连续性应是建设高效机房的前提要求之一。

（10）无调节功能

大部分年限较长的既有制冷机房在设计时，未设置相关设备的可调节性（如：冷水泵、冷却水泵、冷却塔等主要设备未设置变频器，相关水路阀门未设置调节型驱动器等）或设置了相关变频器及电动调节阀却未有效地利用。致使整个冷源系统处于定频定流量的运行工况，而负荷实时在变化，系统无法根据负荷的变化相应做出调节，导致供需不平衡，不仅无法适应末端需求，还造成冷源的运行效率低下。

应根据系统配置需求合理地对冷水泵、冷却水泵、冷却塔、冷水机组进行变频改造，对相应水路增设电动阀门，使冷源系统具有可调节性。

（11）关键点位数据未监测

同样在大部分使用年限较长的既有制冷机房，缺少关键性的测点（如：水温、流量、压力，以及设备的一些内部参数与能耗数据等），或因其为指针或数显式的传感测点，无法有效地提供实时检测与统计。由于这部分的数据缺失，导致无法准确地对冷源系统的运行情况进行确认与分析。

图 3-11　冷水机组处无电动阀门安装

图 3-12　水泵无变频设备配置

图 3-13 现场仪表无数据记录　　　　　　图 3-14 电力参数不全

应根据冷源系统的工艺特性及控制需求在相应的管路增加传感测点，如：冷水机组蒸发侧及冷凝侧供回水温度、流量，总管的供回水温度、流量，旁通管的压力或压差，集水器各支路的回水温度、流量，室外温湿度等，用于实时监测及向群控系统通信各测点的数据，提供测点可视化及控制策略的数据支撑。

在主要制冷设备的一次回路增设多功能电表，检测设备的能耗，三相电流、电压、功率因数等，用于实时监测及向群控系统通信设备的用能情况、设备的电平衡情况、效率情况等。

（12）无群控系统

大部分的老旧既有制冷机房在设计时，未考虑群控系统，或仅设计了一套远程控制系统；另一部分的既有制冷机房设计了群控系统，但由于各种调试问题，未能正常投入应用。人工干预成了此类机房主要的控制方式。

系统控制凭借操作人员的经验及相关知识与认知，随机性大、个体差异大，冷源系统无安全性、标准性、系统性的保障。

应增设完善的制冷机房群控系统，将冷源系统的制冷设备、管路阀门、关键测点、能耗计量等统一接入。通过群控系统对数据进行分析、统计，对相关设备、测点进行状态及参数显示，通过高效的算法与控制策略，对相应受控设备进行运行参数设定，在满足末端供冷要求的情况下，降低制冷及输送能耗，提高机房运行效率。机房群控系统人机界面见图 3-15。

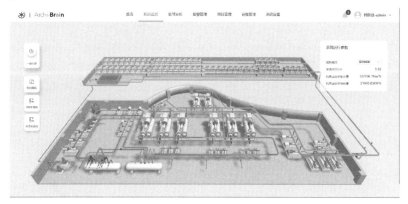

图 3-15 机房群控系统人机界面

3.5 高效机房控制系统优化改造

3.5.1 控制点位的增改

（1）双 DO 点控制：冷水机组、冷水泵、冷却水泵、冷却塔、电动蝶阀等设备采用双 DO 点控制，即设备开启控制为 1 个 DO 点，设备关闭为 1 个 DO 点，2 个 DO 点互锁，防止控制系统发生断电、断网及其他故障时，设备不会突然停机，阀门不会关闭。

（2）冷水机组参数：冷水机组通过 BACnet 或 Modbus 等标准协议接入自控系统，读取机组的运行状态、故障、功率、电流百分比、冷水、冷却水进出水温度、蒸发器冷凝器冷媒温度压力等参数，可写入运行模式、电流百分比限制、出水温度设定值等参数。

（3）变频控制：冷水泵、冷却水泵、冷却塔增加变频调节功能，变频器设置最低安全运行频率，防止控制系统故障造成停机。变频器可通过 Modbus 总线接入自控系统。

（4）电力计量：所有机电设备增加多功能电表，将采集的设备电力参数通过 Modbus 总线传至自控系统，用于监测以及机房整体 EER 的计算。

（5）流量测量：使用法兰型高精度电磁流量传感器（0.5 级及以上），通过 Modbus 总线接入自控系统，用于计算供冷量。

（6）Y 形过滤器：冷水机组供回水管的 Y 形过滤器增加压差传感器，用于判断是否需要及时清洗滤网。

（7）预留 15%～20% 点位。

（8）以 2 大 1 小冷水机组，一次泵变流量系统为例，点位示意见表 3-7。

机房监控点位表 表 3-7

DDC 箱体编号	监控设备与项目	数量	DI	AI	AO	DO	集成
DDC1	冷水机组(两大一小)	3					1
	冷水机组启/停控制					6	
	冷水供回水温度			6			
	冷却水供回水温度			6			
	冷水电动碟阀开/关状态反馈	3	6				
	冷水电动碟阀开/关控制					6	
	冷却水电动碟阀开/关状态反馈	3	6				
	冷却水电动碟阀开/关控制					6	
	多功能电表	3					1
	Y 形过滤器压差检测	6		6			
	冷水循环泵(三大两小)	5					
	冷水泵运行状态		5				
	冷水泵故障报警		5				

续表

DDC 箱体编号	监控设备与项目	数量	DI	AI	AO	DO	集成
DDC1	冷水泵手自动状态		5				
	冷水泵启停控制					10	
	冷水泵频率反馈			5			
	冷水泵频率调节				5		1
	多功能电表	5					1
	冷却水循环泵(三大两小)	5					
	冷却水泵运行状态		5				
	冷却水泵故障报警		5				
	冷却水泵手自动状态		5				
	冷却水泵启停控制					10	
	冷却水泵频率反馈			5			
	冷却水泵频率调节				5		1
	多功能电表	5					1
	冷水总管	1					
	供回水温度检测			2			
	供水流量检测			1			1
	供回水总管压力检测			2			
	压差旁通阀开度调节				1		
	压差旁通阀开度反馈			1			
	冷却水总管	1					
	供回水温度检测			2			
	旁通阀开度调节				1		
	旁通阀开度反馈			1			
	定压补水装置	1	2				1
	加药装置	1	2				1
	小计		46	37	12	38	9
DDC2	冷却塔	3					
	冷却塔风机运行状态		3				
	冷却塔风机故障报警		3				
	冷却塔风机手自动状态		3				
	冷却塔风机启停控制					6	
	出水温度检测			3			
	冷却塔风机频率反馈			3			
	冷却塔风机频率调节				3		
	多功能电表	3					1
	冷却塔供回水电动碟阀状态反馈	6	12				

DDC箱体编号	监控设备与项目	数量	DI	AI	AO	DO	集成
DDC2	冷却塔供回水电动碟阀开关控制					12	
	冷却塔液位			3			
	室外温湿度			2			
	冷却水补水水箱	1					
	水箱高低液位报警		2				
	水箱进水电动阀开关反馈		2				
	水箱进水电动阀开关控制					2	
	小计		25	11	3	20	1
总点数			71	48	15	58	10
				192			

3.5.2 控制设备的增改

针对既有制冷机房常见的问题，通过控制设备的改造、增设，使冷源系统各个环节及设备可视、可控、可调，运行更合理，运行效率得到提升。

1. 增加电动阀门

冷水机组的回水管设置电动蝶阀，用于开关控制，避免并联系统中未开启的冷水机组过水，导致供水总管混水温度上升，制冷效率的降低。

冷却塔进出水管设置电动蝶阀，用于开关控制，避免未开风机的冷却塔进水，导致散热效率降低。图3-16展示了系统常用阀门。

图3-16　各类电动阀门及平衡阀

建议电动阀门配置现场操作箱（图3-17），便于手动操作安装位置较高或不变手轮操作的阀门，且对于群控系统的接线难度也有所降低。

2. 增加变频装置

（1）在原设计选型阶段，经常将水泵、风机留有一定的余量，但是空调系统的实际运行工况随负荷而变化，且绝大部分的工况都是部分负荷，定频系统无法良好地适应其变化，导致大量的能源浪费。

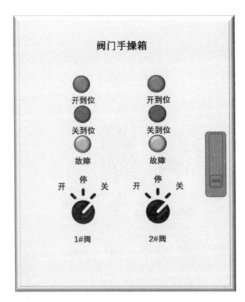

图 3-17　电动阀门现场操作箱

（2）建议冷水泵设置变频器，用于频率调节，可根据末端需求对冷水侧的流量进行动态调节，达到供需平衡，避免过冷的情况，减少能耗浪费。

（3）建议冷却水泵设置变频器，用于频率调节，可根据冷水侧的负荷情况，结合冷却侧的散热效率对冷却水流量进行调节。

（4）建议冷却塔设置变频器（或更换高低速冷却塔）（图 3-18），用于频率调节（或高低速控制），根据焓湿图，对冷却水的散热量进行调节，从而精准调节回水温度。

图 3-18　水泵、风机等变频器

（5）建议冷水机组进行变频改造，可加大机组运行的负载范围，可避免机组的频繁启停，可提高机组在部分负载工况下的效率，同时还可降低机组启动电流。

（6）对于增设的变频柜（图 3-19）可直接替代原设备的启动柜，或在变频柜内设计双回路（即带旁路，见图 3-20），防止在变频回路出现故障时，可快速切换至旁路，进行应急运行。

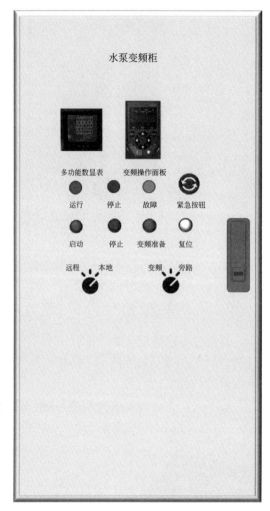

图 3-19　水泵变频柜

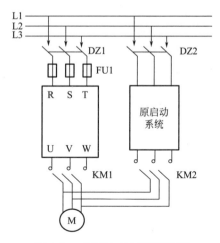

图 3-20　变频电气回路带旁路

3. 增加监测及计量设备

（1）用于群控系统界面的直观显示，为冷源系统运行工况的统计、分析提供数据支持；为计算冷水机组及系统能效提供数据支持；同时为控制策略提供数据支持。

（2）冷水侧

冷水机组冷水供回水管及冷水供回水总管增设温度传感器、流量计或热量表等；

用于计算单台冷水机组及冷源系统制冷量，配合多功能电表，计算单台冷水机组及冷源系统的制冷能效，冷水泵输送效率等；并可用于冷水机组低温保护、低流量保护等其他保护、限值控制；可为冷水泵的变频控制策略提供数据支持。

（3）冷却水侧

① 冷水机组冷却供回水管增设温度传感器、流量计或热量表等，用于计算冷水机组散热量，配合多功能电表，计算冷凝侧的散热能效，冷却水泵输送效率等；并可用于冷水机组高温保护等其他保护、限值控制；可为冷却水泵的变频控制策略提供数据支持；

② 增设室外温湿度传感器，用于计算湿球温度，为冷却塔的控制策略提供数据支持。

（4）配电侧：每台冷水机组及辅机（水泵、冷却塔）增设多功能电表，用于冷源系统主要设备的能耗计量、计算冷源系统及设备的能效和设备电平衡保护等。

（5）高精度的温度、流量、能耗监测仪器仪表（图3-21），为机房能效计算提供了更为精准的数据支撑。

（6）在选用高精度同时，还需注意各类传感器的安装工艺，避免由安装导致的精度影响（如：耦合剂涂抹不均匀，水管内有气泡，距离阻力元件过近等）。

图 3-21 高精度传感器

（7）增加冷水机组通信接口

可用于对冷水机组的启停、冷水温度设定等进行控制；可用于采集冷水机组的运行、内部运行参数，全面了解冷水机组的运行状况；同时减少布线的材料与人工，降低实施成本及相应施工风险。冷水机组通信接口连接见图3-22，冷水机组内部通信数据见表3-8。

图 3-22　通信接口连接

冷水机组内部通信数据 　　　　　　　　　　表 3-8

Modbus 点地址	参数点描述	是否可写	单位或范围	原值	备注
系统					
40001	状态字	否	0～60	1	轮循现实
1 号冷水机组					
40002	冷水机组运行状态	否	0,1,2	0.1	a
40003	故障报警	否	0,1,2	0.1	b
40004	冷水机组负载	否	%	0.1	
40005	出水温度设定点	否	℃	0.1	
40006	冷水出水温度	否	℃	0.1	
40007	冷水进水温度	否	℃	0.1	
40008	冷却出水温度	否	℃	0.1	
40009	冷却进水温度	否	℃	0.1	
40010	A 回路负载	否	%	0.1	
40011	A 回路排气压力	否	kPa	0.1	
40012	A 回路吸气压力	否	kPa	0.1	
40013	A 回路油压力	否	kPa	0.1	
40014	A 回路饱和冷凝温度	否	℃	0.1	
40015	A 回路饱和吸气温度	否	℃	0.1	
40016	A 回路排气温度	否	℃	0.1	
40017	A 回路压缩机温度	否	℃	0.1	
40018	A 回路压缩机电流	否	A	0.1	

续表

Modbus 点地址	参数点描述	是否可写	单位或范围	原值	备注
1 号冷水机组					
40019	A 回路膨胀阀开度	否	%	0.1	
40020	B 回路负载	否	%	0.1	
40021	B 回路排气压力	否	kPa	0.1	
40022	B 回路吸气压力	否	kPa	0.1	
40023	B 回路油压力	否	kPa	0.1	
40024	B 回路饱和冷凝温度	否	℃	0.1	
40025	B 回路饱和吸气温度	否	℃	0.1	
40026	B 回路排气温度	否	℃	0.1	
40027	B 回路压缩机温度	否	℃	0.1	
40028	B 回路压缩机电流	否	A	0.1	
40029	B 回路膨胀阀开度	否	%	0.1	
3 号冷水机组					
40051	冷水机组控制模式	否	0,1,2	0.1	c
40052	冷水机组运行状态	否	0~12	0.1	d
40053	故障报警	否	0,1,2	0.1	b
40054	冷水机组负载	否	%	0.1	
40055	出水温度设定点	否	℃	0.1	
40056	冷水出水温度	否	℃	0.1	
40057	冷水进水温度	否	℃	0.1	
40058	冷却出水温度	否	℃	0.1	
40059	冷却进水温度	否	℃	0.1	
40060	平均线电流	否	%	0.1	
40061	平均线电压	否	%	0.1	
40062	蒸发器冷媒温度	否	℃	0.1	
40063	蒸发器冷媒压力	否	kPa	0.1	
40064	蒸发器饱和温度	否	℃	0.1	
40065	冷凝器冷媒温度	否	℃	0.1	
40066	冷凝器冷媒压力	否	kPa	0.1	
40067	压缩机排气温度	否	℃	0.1	
40068	压缩机轴承温度	否	℃	0.1	
40069	压缩机线圈温度	否	℃	0.1	
40070	油温	否	℃	0.1	
40071	导叶开度百分比	否	%	0.1	

3.5.3　系统架构的建议

系统采用全以太网架构，BACnet IP 通信协议。冷水机房设备比较集中，放置一台网络引擎；屋顶冷却塔部分采用一台网络控制器或以太网型 IO 模块，并将点值传至冷水机房的网络引擎，在网络引擎内编写群控逻辑程序。网络架构示意图见图 3-23，以下是对系统各部分的阐述及建议。

1. 控制器

（1）控制器类型：一般机房使用 DDC/PLC 都可以。对安全可靠性要求较高的机房（例：Tier4 级数据中心机房），建议使用有 CPU 冗余功能的 PLC，当常用 PLC 的 CPU 出现故障，备用 PLC 自动切入运行，切换时间为百毫秒级。

（2）与上位机通信：以太网通信，支持 BACnet IP 或 Modbus TCP 通信协议。

（3）与冷水机组等设备集成：控制器需有一个以上的 RS485 端口或支持 RS485 扩展模块，支持 Modbus RTU 或 BACnet MS/TP 通信。考虑到稳定性及易维护性，不建议使用第三方品牌网关。

（4）IO 扩展：考虑到现场可能会出现通信干扰，网络控制器在本身点数不够的情况下，建议 IO 扩展仅支持以太网扩展，不建议使用总线扩展。

2. 服务器

支持 B/S 架构，支持 BACnet IP client 协议用于接收网络控制器的通信，支持 BACnet IP server 或 OPC UA/DA server 用于提供数据给 BAS 系统。对安全可靠性要求较高的机房（例：Tier3/4 级数据中心机房），需配置冗余服务器，其中一台服务器出现故障时，另一台能自动切入运行，使监控管理及数据记录不中断。

3. 网络通信

百兆以上网络通信，距离超百米以上需使用中继或采用光纤通信。对可靠性要求较高的场合建议使用环网架构，千兆以上通信，交换机需支持 RSTP（快速生成树协议）。

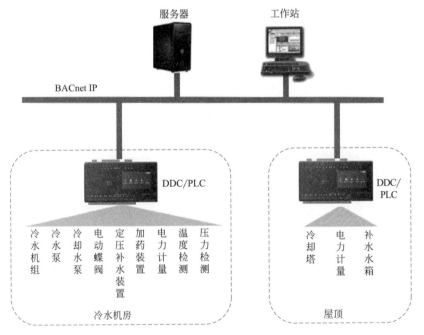

图 3-23　机房群控网络架构示意图

3.5.4 新型传感器与无线应用

已有建筑的机房改造过程中使用新产品新技术，可以使系统的改造运营成本更低，测量更精确，后期的运营维护更方便更有效。本节就一些传感器的应用做些建议。

1. 振动传感器

检测水泵、冷却塔风机等设备的振动情况，将设备三轴振动加速度、峰值加速度、峰度等数值采用 LoRa 或 NB-IoT 无线通信的方式传至控制系统，系统服务器软件可根据这些数据及 ISO-10816 标准，提前做出报警，提醒运营维护人员该设备可能会发生故障。如果系统集成了诊断平台，可以在这些振动数据基础上，结合 AI 分析算法及故障知识库，分析是何种故障原因，使维护人员能快速排除可能产生的故障，实现预测性智能运维，降低人力检测成本，降低系统突然故障造成的中断成本，也提高了设备的运行寿命。

2. 高精度水管温度传感器

计算负荷时需要根据测量的供回水温度及流量来计算，水温传感器及流量计的测量精度直接影响负荷计算的精度，对群控程序加减机的策略有较大影响，也影响了 COP 计算的精度。目前项目上使用的水管温度传感器精度大多在 ± (0.2~0.3)℃，建议使用精度在 ±0.1℃内的高精度温度传感器，测温元件 PT100（3线或4线制），或变送成标准 4~20mA 电流信号给到控制器。传感器需每年定期校正。

3. 高精度流量计

目前项目上常用的流量计精度比较低，一般在 2.5 级以下，建议使用精度在 0.5 级以上的法兰型电磁流量计。流量计监测的流量参数可通过 Modbus 通信协议传至控制器。

4. 多功能电表

建议各机电设备安装多功能电表，电表精度在 0.5 级以上，将监测的电力参数通过 RS485 总线或者无线通信方式传至控制器，通信协议 Modbus RTU。多功能表内部参数见表 3-9。

多功能表内部参数 表 3-9

序号	信号描述	单位
1	三相电压	V
2	三相电流	A
3	有功功率	kW
4	功率因数	
5	用电量	kWh
6	频率	Hz

第4章 高效机房设备与群控系统调试

系统调试是整个系统完成的最后技术阶段，也是确保智能子系统使用功能和技术指标的重要阶段。系统调试工作技术性强，环节复杂，通常逐个子系统进行。

4.1 设备单机调试

制冷机房机电系统调试包括设备和附件的单机运行调试和群控单点及联合运行调试。单机设备调试内容包括：驱动装置、传动装置或单台机器（机组）及其辅助系统（如电气系统、润滑系统、液压系统、气动、冷却系统、加热系统、监测系统等）和控制系统（如设备启停、换向、速度等自动化仪表就地控制、计算机 PLC 程序远程控制、联锁、报警系统等），安装结束均要进行单机试运行，由机电安装总包执行。单个设备试运行时间不低于 2h。

4.1.1 冷水机组试运行

在冷水机组试运行之前需保证冷却塔设备运转正常，冷水泵、冷却水泵都运转正常。管道经过吹洗实验；电源预热 24h。冷水机组运行参数正常参考范围见表 4-1。

冷水机组运行参数正常参考范围   表 4-1

	单位	正常范围或建议值
当前冷水水温设定点	F/C	7～9℃
当前电流限制设定点	%	90%～95%
蒸发器进水温度	F/C	1～12℃
蒸发器出水温度	F/C	设定值±2.7℃
冷凝器进水温度	F/C	25～32℃
冷凝器出水温度	F/C	30～37℃
蒸发器制冷剂压力	Psig/ kPa	−8.84～5.89Psig
冷凝器制冷剂压力	Psig/ kPa	2～12Psig
蒸发器制冷剂温度	F/C	4～14℃
冷凝器制冷剂温度	F/C	32～46℃
蒸发器趋近温度	F/C	<3℃
冷凝器趋近温度	F/C	<3℃
油缸内油温	F/C	47～66℃
油压差	Psig/kPa	124～153kPa

冷水机组开机按以下步骤执行：

（1）开启冷水进/出水阀门；

（2）启动冷水循环泵，检查运行电压、电流是否正常；

（3）开启冷却水进/出水阀门；

（4）启动冷却水循环泵，检查运行电压、电流是否正常；

（5）检查冷水进/出口压差是否正常；

（6）检查冷却水进/出口压差是否正常；

（7）确认冷水/冷却水系统循环正常；

（8）启动机组，待机组运行稳定；

（9）检查机组运行电压、电流；

（10）检查机组油位及前后轴承回油情况；

（11）检查油压、油温；

（12）检查蒸发器/冷凝器、制冷剂压力；

（13）检查机组运行声音是否正常；

（14）根据冷凝器进水温度，决定是否开启冷却塔。

冷水机组停机按以下步骤执行：

（1）确认机组本次运行时间大于 30min；

（2）机组正常停机，待机组完全停止；

（3）5～10min 后，停止冷却循环泵；

（4）关闭冷却水进/出水阀门；

（5）关闭冷却塔风扇；

（6）10～30min 后，停止冷水循环泵；

（7）关闭冷水进/出水阀门。

4.1.2　水泵试运行

水泵在进行试运行前应进行以下准备工作：

（1）检查水泵及其减振器的部件是否齐全可靠；

（2）检查水泵各紧固连接部位不得松动；

（3）用手盘动叶轮应灵活正常，不得有卡碰现象；

（4）检查轴承润滑油、润滑脂标号、数量是否符合设备技术文件的规定；

（5）水泵与附属管路系统上的阀门启闭状态，经检查和调整后应符合设计要求；

（6）水泵试运转前，应将入口阀全开，出口阀全闭，待水泵启动后再将出口阀打开；

（7）电机试运转，风机应先拆除联轴器键销进行电机单机试运转，确定电机转向及电机是否正常，检查正常后恢复联轴器连接。

水泵试运转时，应检查水泵的运转状态并记录运转中的状态及有关数据，以判断是否达到正常状态：

（1）水泵点动，检查叶轮与泵壳有无摩擦声和其他不正常现象，并观察水泵的旋转方向是否正确；

（2）水泵启动时，用钳形电流表测量电动机的启动电流，待水泵正常运转后，再测量电动机的运转电流，保证电动机的运转功率或电流不超过额定值；

（3）在水泵运转过程中应用金属棒或长柄螺丝刀，仔细监听轴承内有无杂音；

（4）水泵运转稳定后，每半小时测量一次轴承温度，所测得的温度（恒定后的温度）不超过设备说明书的规定；

（5）水泵运转稳定后测量流量和全压与设计值对比，流量利用已安装的流量计测定或用水箱体积法测定，水泵全压测定进出口压力差；

（6）水泵运转结束后，应将水泵出入口和附属管路系统的阀门关闭，将泵内积存的水排净，防止锈蚀或冻裂。

4.1.3 冷却塔试运行

冷却塔在进行试运行前应进行以下准备工作：

（1）清扫冷却塔内的夹杂物和污垢，防止冷却水管或冷凝器等堵塞；

（2）冷却塔和冷却水管路系统用水冲洗，管路系统应无漏水现象；

（3）检查自动补水阀的动作状态是否灵活准确；

（4）冷却塔内的补给水、溢水的水位应进行校验；

（5）逆流式冷却塔旋转布水器的转速等应调整到进塔水量适当，使喷水量和吸水量达到平衡的状态；

（6）确定风机的电机绝缘情况及风机的旋转方向。

冷却塔运转时，应检查风机的运转状态和冷却水循环系统的工作状态，并记录运转中的状态及有关数据，以判断是否达到正常状态：

（1）测定风机的电机启动电流和运转电流值；

（2）检查冷却塔产生的振动和噪声原因；

（3）测量轴承的温度；

（4）检查喷水的偏流状态；

（5）检查喷水量和吸水量是否平衡；

（6）检查补给水和集水池的水位；

（7）冷却塔出入口冷却水的温度。

冷却塔在试运转过程中，管道内残留的以及随空气带入的泥沙尘土会沉积到集水池底部，因此试运转工作结束后，应清洗集水池。冷却塔试运转后如长期不使用，应将循环管路及集水池中的水全部放出，防止设备冻坏。

4.2 群控系统调试

4.2.1 离线调试

离线调试，或离线编程，是根据设计资料将空调系统的控制逻辑通过编程软件实现并验证，导入 DDC 控制器。本书以自控编程软件 WBS 和组态软件 OriginSys 为例展开介绍，离线调试包括以下几个步骤：

1. 软件建点

根据弱电自控图纸设计的点表，在编程软件内对相应接入设备的点位类型进行软件建点（图 4-1）。根据盘箱图的配置，对每个控制模块的输入输出点进行建点，包括输入输出点位名称、属性（温度、流量、压力等）等变量。

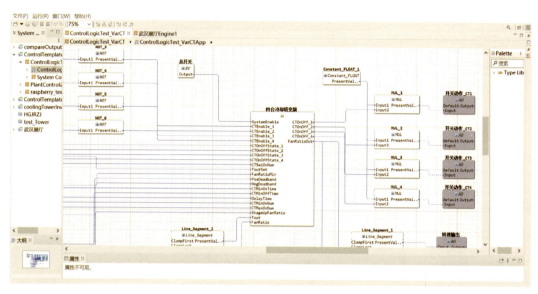

图 4-1　软件建点

2. 控制逻辑编程

根据暖通控制需求和原理，对每个受控对象的控制参数、过程参数及控制逻辑进行编程（图 4-2）。WBS 软件支持通过模块拖拽的方式进行控制逻辑编写，且支持离线及在线仿真（图 4-3），可检查控制逻辑的各环节输入输出是否正常、是否符合预期控制效果（图 4-4）。

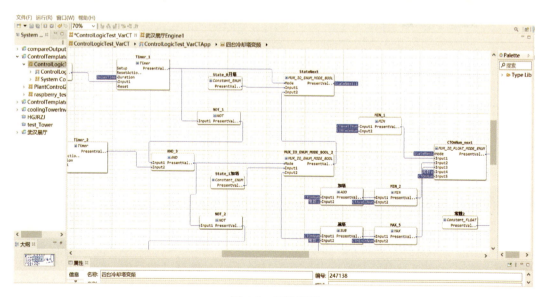

图 4-2　逻辑编写

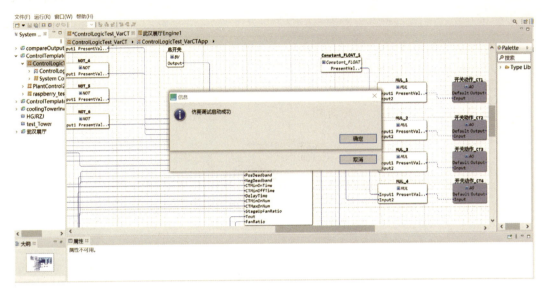

图 4-3　仿真调试

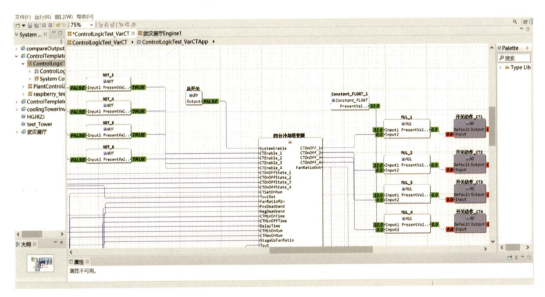

图 4-4　检查控制逻辑

3. 组态软件 UI 界面编辑

组态软件安装于上位机系统，用于实时显示系统运行状态和各节点参数。Origin-Sys 组态软件可通过设备、管路、连接件预制模型的拖拽，进行 2.5D 的系统图形编辑。界面的参数、状态等与引擎及模块进行点位自动绑定、数据自动抓取，减少了 UI 界面重复建点、绑点的调试工作。组态软件 UI 界面见图 4-5。

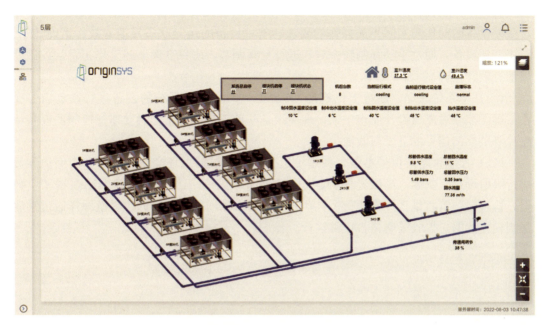

图 4-5 组态软件 UI 界面

4.2.2 现场调试

现场调试包括了传感器等硬件设备的调试校准，以及控制软件和设备系统的联动运行，主要步骤如下：

（1）对机房内所有群控箱柜的接线端子的紧固进行检查。

（2）对机房内所有群控箱柜进行接地与绝缘检查，并记录。

（3）对机房内所有群控箱柜进行逐一上电，若发生跳闸可快速查找问题设备或回路。

（4）对各控制箱柜内的模块进行地址定义，通过引擎模块或上位机软件对各模块的通信进行在线健康度监测；对模块通信信息进行记录：收包、发包、丢包率等。

（5）若发现丢包严重的模块，对其进行线路检查，是否存在线路损坏或干扰等情况。

（6）模块程序导入，将离线编辑的程序导入现场的控制模块，并进行局部仿真，确保导入的版本正确。

（7）设备对点及传感器校验，注意检查受控设备及传感器与模块输入输出端的对应关系是否与设计图纸中相符，可通过线缆通断的方式进行检验。

（8）根据不同的传感器说明书对传感器的数值进行调试和校准（温度、压力、流量、能量计等）。

（9）上位机程序及 UI 界面导入，将离线编辑的上位机程序及 UI 界面导入上位机，并进行数据及点位抓取，检查数据的一致性，确保导入的版本和设置与现场的配置情况相同。

（10）单设备启停，通过上位机的 UI 界面，对受控设备进行单机启停调试，确保每个受控设备的动作与实际界面操作的要求相符；设备的运行状态反馈有效、正确显示。对于变频设备，通过手动强制频率对其进行变频调节，确保变频器的工作正常，控制及反馈有效、正确显示。

（11）单系统联动，通过上位机的 UI 界面，对空调水系统的设备进行联动启停操作，确保控制顺序与设计要求一致，现场设备联动正常；对于延时或连锁控制的设备注意控制及反馈信号的下发与收取。

（12）控制策略及保护参数，在系统运行期间，根据现场实际工况对各类保护参数进行限值设定，例如，高低温保护、低流量保护、高低压保护等；并手动强制相应数据，检验保护策略是否正常执行；自动开关机、自动增减机策略的边界值同样通过手动强制相应数据，检验策略是否正常执行。

第5章 高效机房的运维

5.1 人工智能算法与应用简介

5.1.1 机器学习

今天，机器学习已经与普通人的生活密切相关，例如在天气预报、能源勘探、环境监测方面，有效地利用机器学习技术对卫星和传感器发回的数据进行分析，是提高预报和检测准确性的重要途径。在建筑领域，机器学习也得到了广泛的应用，例如负荷及能耗预测用以支持合理的方案规划和系统设计；异常数据聚类以识别系统是否处于故障状态。

1. 机器学习算法简介

目前常用的机器学习算法有很多种，但并没有某一个算法在任何场景下都是性能最好的，即不同的算法有各自的适用场景。在工程实践及机器学习比赛中，组合树模型（例如随机森林、LightGBM 等）表现很好，但在训练数据集较小的情况下，简单算法（例如线性回归）的性能反而更好，复杂算法容易过拟合。

（1）多元线性回归

多元线性回归试图通过对观测数据拟合一个线性方程来建立若干变量之间的线性关系。拟合回归线最常用的方法是最小二乘法。这种方法通过最小化每个观测数据点到线垂直偏差的平方和来计算拟合线性方程。线性回归是应用最广泛的回归分析算法。这是因为线性依赖于其未知参数的模型比非线性依赖于其参数的模型更容易拟合，并且因为所得到的估计量的统计特性更容易确定。但是线性回归无法拟合复杂的非线性物理过程。

（2）Lasso 回归

Lasso 回归是一种使用压缩（shrinkage）估计的线性回归，在线性回归的损失函数基础上加上惩罚项（L1 正则项）。压缩是指数据向某一中心点（如平均值）收缩。Lasso 回归倾向得到更简单、稀疏的模型（即参数较少的模型）。相比于普通线性回归，Lasso 不易过拟合，非常适合拟合特征中存在多重共线性的模型，也经常用于自动化变量选择或参数消除。类似的还有 Ridge 回归和 ElasticNet，都是普通线性回归的扩展，附加了一个惩罚参数，旨在最小化模型复杂性或减少最终模型中使用的特征数量。

（3）K 近邻回归

K 近邻算法是机器学习算法集中比较简单易懂的，但在某些问题上被证明十分有效。K 近邻算法既可以用于分类问题，也可以用于回归问题。该算法使用"特征相似度"来预测未知数据点的值,即根据该点与训练集中的点的距离来判断相似程度。计算距离有很多种方法,其中最常见的有欧几里德距离、曼哈顿距离和汉明距离(用于计算分类特征)。在完成测量训练集中各点与新观测点之间的距离后,下一步需要选择最近的 K 个点,过大或是过小的 K 值都会造成模型性能劣化,K 的最优值一般根据交叉验证法得到。

(4)支持向量回归(SVR)

与支持向量机分类算法类似,SVR 同样有两条间隔线,如图 5-1 所示,实线为拟合线,两旁的虚线为间隔线,SVR 要求尽可能多的预测点落在两条间隔线之间,同时允许一部分点在区间之外,其偏差用 ξ 表示,但这部分偏差要求尽可能小。与普通线性回归不同的是,SVR 的目标函数是使系数最小化,更具体地说,是系数向量的 L2 范数最小化,而不是平方误差。

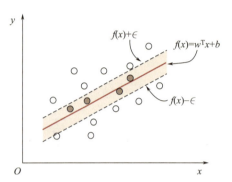

图 5-1　支持向量回归示意图

(5)决策树回归

决策树算法是一种用于分类和回归的非参数监督学习方法。其目标是通过学习从数据特征推导出的简单决策规则,创建一个预测目标变量值的模型。决策树算法以树结构的形式建立回归或分类模型。该算法以从上到下的形式将数据集分解成越来越小的子集,不断地生成新的子树结构,最终形成一个具有决策节点和叶节点的树。一个决策节点有两个或多个分支,每个分支代表被测试属性的值。叶节点表示对数值目标的决定。相比于其他机器学习算法,可以同时处理分类型数据和数值型数据;决策树有较强的可解释性,并且不需要进行数据预处理(标准化、归一化等)。但是决策树算法容易过拟合,而且不稳定,当数据集中存在噪声时会学习到完全不一样的树结构,这个问题可以通过组合树模型解决。

(6)人工神经网络模型 ANN

神经网络是由具有适应性的简单单元组成的广泛并行互连的网络,它的组织能够模拟生物神经系统对真实世界物体所作出的交互反应。ANN 是由人工神经元组成的运算模型,人工神经元是生物神经元的模拟和抽象,相当于一个多输入单输出的非线性阈值器件。ANN 可以利用大脑神经突触连接的结构进行信息处理。不同的连接方式、权值和激发函数会得到不同的网络输出值,网络自身通常是对自然界某种算法或者函数的逼近,也可以是对一种逻辑策略的表达。ANN 能够实现并行分布式的数据处理,具备自学习、联系储存和高速寻优的能力。描述一个 ANN 模型主要包含 3 点:神经元结构,神经节点传递函数和学习算法。实际应用中,从不同的视角 ANN 可以有多个分类。从网络结构角度,可以分为前向网络和反馈网络;从网络性能角度,可以分为连续性与离散性、确定性与随机性网络;从学习方式角度,可以分为有监督学习网络和无监督学习网络;按连接突触性质,可以分为一阶线性关联网络和高阶非线性网络。在众多学者不断提出和改进的各类 ANN 模型中,BP 神经网络是应用最广的一种,即误差反向传播神经网络是一种多层映射的神经网络，常被应用于模式识别、自适应控制、图像处理、语言识别等领域。其激活函数可以是线性或非线性的。BP 模型的学习算法最小均方 LMS 算法（Least Mean Square Algorithm）的变形，其实质是求解最小均方误差，并利用该误差调节多层前馈网络的权值。除了 BP 神经网络，目前还有其他几种常用的 ANN，如感知器、Hopfield 神经网络、径向基网络和竞争型神经网络等。

除单一学习算法外，还有一些集成算法。这种算法根据集成学习理论由若干弱学习器（也称为基学习器）组合而成，具有比弱学习器更低的偏差和方差，目前的集成算法有以下三类：

① 装袋法（Bagging）：该方法常考虑采用同质弱学习器，相互独立并行学习，最后根据某种确定性的平均过程将若干学习器的进行组合（例如取均值）。

② 提升法（Boosting）：该方法同样采用同质的弱学习器，与装袋法不同的是，提升法采用串联迭代的方法组合多个弱学习器。每个弱学习器着重训练在上一个弱学习器中表现不好的样本点。

③ 堆叠法（Stacking）：堆叠法与装袋法、提升法主要有两点不同。首先堆叠法通常考虑异质的弱学习者（不同的学习算法）；其次，堆叠法的组合方式不同，它采用一个元模型将弱学习器的结果进行组合。例如，我们可以采用线性回归、支持向量回归和决策树回归作为弱学习器，然后将它们的预测结果作为另一个元模型（例如神经网络算法）输入，该元模型的输出即为最终的预测结果。

常用的集成算法有：

（1）随机森林

随机森林回归是一种使用集成学习方法进行回归的监督学习算法。集成学习方法是一种将多个机器学习算法的预测结合起来，从而做出比单一模型更准确的预测的技术。随机森林是基于决策树算法建立的组合树模型。其预测结果是基于装袋法综合了所有决策树的结果得到的，构建过程如下：首先利用有放回方法从原始训练集中随机抽取 n 次样本，构建 n 个决策树；对于单个决策树模型，每次分裂时根据信息增益、信息增益比或是基尼指数选择最好的特征进行分裂，直到该节点的所有训练样本都属于同一类；将生成的多棵决策树组成随机森林。对于分类问题，按照多棵树分类器投票决定最终分类结果；对于回归问题，由多棵树预测值的均值决定最终预测结果。随机森林回归模型功能强大且准确，在许多问题上表现出色，包括具有非线性关系的特征。缺点是不具有可解释性，容易发生过拟合。

（2）LightGBM

LightGBM 的全称是 Light Gradient Boosted Machine，是最初由微软开发的分布式梯度提升框架，是基于梯度提升数算法（Gradient Boosting Decision Tree，GBDT）改进，在工程项目和专业比赛上都取得了很不错的成绩。GBDT 是机器学习中一个十分有效的模型，基于提升法设计的集成模型，该模型具有训练效果好、不易过拟合等优点。但 GBDT 在特征维数高、数据量大的情况下，效率和可伸缩性仍然不能令人满意。一个主要原因是对于每个特征，该算法需要扫描所有的数据实例来估计所有可能的分割点的信息增益，这是非常耗时的。LightGBM 在不损害 GBDT 精度的基础上增加了单边梯度采样（Gradient-based One-Side Sampling，GOSS）和互斥稀疏特征绑定两项技术（Exclusive Feature Bundling，EFB）。使用单边梯度采样可以减少大量只具有小梯度的数据实例，使用互斥稀疏特征绑定可以将许多互斥的特征绑定为一个特征，达到降维的目的。因此 LightGBM 具有精度高，计算速度快的特点。

（3）CatBoost

CatBoost 也是基于梯度提升的集成算法，性能优于许多现有的梯度提升算法（例如 XGBoost、LightGBM 等）。CatBoost 与其他梯度提升算法的一个主要区别是，CatBoost 采用了对称树结构。有助于减少计算时间。CatBoost 嵌入了自动将类别型特征处理为数值型特征的创新算法，能够高效合理地处理分类型特征。CatBoost 还利用了基于特征之间联系而形成的组合分类特征，丰富了特征维度。另外，CatBoost 采用的 ordered boost 方法避免了梯度估计的偏差，进而解决了预测偏移的问题。

2. 机器学习应用

负荷及能耗预测是机器学习在建筑能源管理领域应用较为成熟的例子。负荷预测在机组选择和运维过程中都有着重要作用，负荷预测有助于进行设备优选，运行策略确认等。负荷及能耗预测方法按照模型建立方法可分为白箱模型和黑箱模型。

白箱模型也可称为正演模型，是通过分析负荷影响参数与负荷之间的物理关系，建立输入变量与输出变量之间的物理模型，通过求解物理模型的方法进行负荷预测。大多数能耗模拟软件均属于白箱模型，其中包括 DOE-2、BLAST、EnergyPlus、ESP-r、TRNSYS 等逐时能耗模拟计算引擎，也包括 DesignBuilder、Energy-10、eQUEST 等具有成熟用户界面的逐时能耗模拟工具。但是白箱模型在实际应用中遇到了一些障碍。白箱模型往往需要建立建筑的几何模型，并且输入复杂多样的围护结构、人员作息表、设备人员密度等参数，需有经验的专业人员花费大量时间才能建立。在建筑设计阶段，由于建筑的使用情况尚不确定，并且白箱模型过于理想，无法涵盖施工、运行过程中带来的误差，因此仅应用白箱模型很难对负荷进行准确预测。

采用机器模型进行负荷预测被称为黑箱模型或数据驱动模型。在构建负荷预测黑箱模型时，必须有足量的输入、输出数据，用输入输出数据拟合黑箱模型，此时黑箱模型可以反映现实物理世界的运行特点，然后再用训练好的黑箱模型对未来进行预测。对于负荷预测来说，输入变量包括可能对负荷变化产生影响的变量，包括天气情况、人员活动以及围护结构特征等；输出变量为需要进行预测的目标参数，即空调负荷。

黑箱模型常见的工作流程为：①搜集负荷预测相关数据。②数据清洗，包括异常数据处理，缺失值处理等。③特征工程，是将原始数据转化成更好地表达问题本质特征的过程，使得将这些特征运用到预测模型中能提高对不可见数据的模型预测精度，简单来说就是确定模型的自变量。对于负荷预测这一任务来说，就是确定对建筑负荷有显著影响的变量。④算法的选择及模型训练，目前存在着多种算法均可实现负荷预测任务，但没有一种算法在任何场景下的性能都是最佳的，因此工程师应根据建筑的实际情况进行算法的选择。根据合适的算法应用前几个步骤建立的数据集进行黑箱模型的训练，训练过程中通常涉及训练集和测试集的划分，模型超参数的调节等步骤。⑤进行负荷预测，输入变量值，应用步骤④建立的能够反映输入参数（与负荷相关的特征）和输出参数

（负荷）关系的模型即可进行负荷预测。

5.1.2 深度学习

深度学习是一种特殊的机器学习形式。典型的深度学习模型就是很深层的神经网络。"深度"一词通常是指神经网络中的隐藏层数。传统神经网络只包含 2~3 个隐藏层，而深度网络可能包含多达 150 个隐藏层。深度学习模型通过使用大量的标签化数据进行训练，而神经网络架构直接通过数据学习特征，而不需要手动提取特征。机器学习工作流程起始于手动提取的相关特征。然后使用这些特征创建模型。在深度学习工作流程中，自动从数据中提取相关特征。在若干测试和竞赛上，尤其是涉及语音、图像等复杂对象的应用中，深度学习取得了优越性能。

卷积神经网络（CNN 或 ConvNet）是最流行的深度神经网络类型之一。CNN 通过输入数据学习到的特征，并使用二维卷积层，使此架构非常适合用来处理二维数据（例如图像）。CNN 无需使用手动特征提取，因此不需要识别用于对图像进行分类的特征。CNN 通过直接从图像提取特征来运作，不预先训练相关特征，网络在对一组图像进行训练时学习相关特征。这种自动化的特征提取使深度学习模型能够为计算机视觉任务（如对象分类）提供高精确度，因此 CNN 在建筑能耗管理领域应用场景较少。

另一类深度学习模型是循环神经网络（Recurrent Neural Network，RNN）及其变体，长短期记忆神经网络（Long Short-Term Memory Network，LSTM）和注意力（Attention）机制。循环神经网络可以在不同时间的输入间建立联系，从而有助于处理前后有逻辑连接关系的序列信息，如自然语言。基本的循环神经网络结构如图 5-2 所示，包含一个输入层、一个隐藏层和一个输出层。其中 U 是输入层到隐藏层的权重矩阵，V 是隐藏层到输出层的权重矩阵。在图 5-2（b）中，我们将这个结构展开，可以看

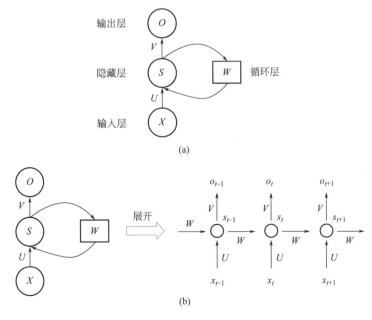

图 5-2 循环神经网络结构示意图

到循环神经网络隐藏层的值 s_t 不仅仅取决于当前这次的输入 x_t，还取决于上一个时刻隐藏层的值 s_{t-1}。权重矩阵 W 就是隐藏层上一次的值作为这一次的输入的权重。

长短期记忆神经网络是循环神经网络的变体，同样可以有效处理序列数据。与RNN 相比，它不会每一个时刻都把隐藏层的值存下来。它有门控装置，具有挑选信息的能力，会选择性地存储信息。长短期记忆网络的结构与循环神经网络类似，如图 5-3所示，其挑选信息的能力由"门控系统"实现，即对每一个 s_t，都有记忆门，遗忘门和输出门来控制其记忆与否。

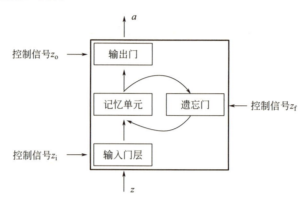

图 5-3　长短期记忆神经网络神经元结构

注意力机制是将有限的注意力集中在重点信息上，从而节省资源，快速获得最有效的信息，它具有参数少、速度快、效果好的特点。在自然语言处理中，注意力机制挑重点，就算数据比较长，也能从中抓住重点，不丢失重要的信息。注意力机制在很多地方都有应用，在自然语言处理的 Seq2seq 中应用时，可以表示如图 5-4 所示。此时，编码器不再将整个输入序列编码为固定长度的中间向量 C，而是编码成一个向量的序列，序列中的每一个值（即 C_1、C_2、C_3）都是注意力机制得到的结果，这样，在产生每一个输出的时候，都能够做到充分利用输入序列携带的信息。

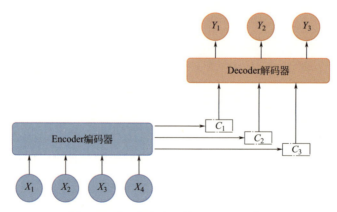

图 5-4　引入注意力机制的 Seq2seq 模型

在建筑领域，很多学者尝试 RNN 及 LSTM 进行负荷预测。由于建筑物存在热惰性，负荷数据是时间序列数据，前后数据之间有关联性，特别是对于小颗粒度负荷（例

如逐时负荷）关联性较强，因此从模型机理上来说循环神经网络用于建立负荷预测模型
有一定的合理性。但深度学习相对于传统的统计机器学习模型需要更多的训练数据，模
型复杂度高，容易过拟合。实践证明，采用集成机器学习算法和合理的特征工程可以取
得比深度学习更稳定的预测效果。

5.1.3　强化学习

1. Q-learning 算法

强化学习用于描述和解决智能体在与环境的交互过程中通过学习策略以达成回报最
大化或实现特定目标的问题。其基本思路是对某一个任务，如果在这个任务中进行某一
个操作或采取某一个策略经过环境反馈可以取得较好的结果，那就进一步"强化"这种
操作或策略，以期取得更好的结果。强化学习的基本原理如图 5-5 所示。

Q-learning 是强化学习中基于价值的学习算法，是一种无模型的方法，它不需要环
境的模型，可以处理随机转换和奖励的问题，而不需要调整。这个过程是通过初始化一
个 Q-table，Q-table 中列是动作，行是状态，Q-table 中的每一个 Q 值是在该状态采取
该动作时将获得的最大预期奖励，然后在探索环境时不断迭代更新 Q-table 中的 Q 值，
经过若干次迭代训练，最终所有动作和状态对应的 Q-table 会收敛趋于平稳，用来指导
智能体在当前状态下选择执行哪个动作。Q-table 的更新如图 5-6 所示。

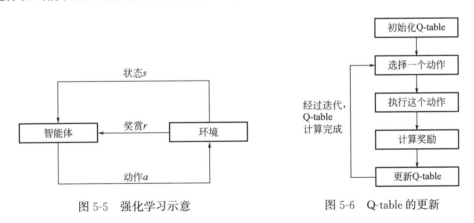

图 5-5　强化学习示意　　　　图 5-6　Q-table 的更新

2. Q-learning 算法应用

在建筑暖通领域，强化学习一般被用来进行优化控制。以优化控制冷水机组的冷水
设定为例，环境状态空间 s 指可以观测或直接测量的参数，包括冷量、室外干湿球温
度、室内温度等；智能体动作空间 a 是各台冷水机组的冷水设定温度（假设只有一台冷
水机组），在确定智能体动作空间时需加入专家规则以保证系统处于安全正常范围内运
行，比如冷水设定温度为 5～10℃；另外还需制定控制目标及奖励函数 r，一般来说空
调系统优化运行有两个控制目标：室内环境和系统能耗，保证室内温度与设定值尽量接
近，以及尽量减少系统能耗，可以将两者加权处理后形成一个综合奖励函数。

对于 Q-leaning 算法来说，状态空间和动作空间设计的参数都需要离散化，排列组
合形成一个二维 Q-table，每一个"状态-动作对"有对应的 Q 值，如表 5-1 所示。在初

始状态下，Q-table 可全部设为 0 或其他值，在系统运行过程中，Q-table 根据式 5-1 不断更新。

$$Q(s,a) \leftarrow Q(s,a) + \alpha[r + \gamma \max Q(s',a') - Q(s,a)] \qquad (5-1)$$

式中　$Q(s,a)$——当前状态采取当前动作的 Q 值；

　　$\max Q(s',a')$——当前状态 s 可以采取的所有动作 a' 及对应的下一状态 s' 的 Q 值的最大者；

　　α 和 γ——可调参数，α 代表学习率，γ 表征算法更看重当下奖励还是未来奖励。

状态-动作对应的 Q 值

表 5-1

A/S	15℃,300kW,1	15℃,300kW,2		40℃,1600kW,2
10℃	$Q(s_1,a_1)$	$Q(s_2,a_1)$	……	$Q(s_n,a_1)$
11℃	$Q(s_1,a_2)$	$Q(s_2,a_2)$	……	$Q(s_n,a_2)$
……				
15℃	$Q(s_1,a_6)$	$Q(s_2,a_6)$	……	$Q(s_n,a_6)$

在完成一轮更新后，智能体根据式（5-2）决策下一步的执行动作，常用的方法是贪心策略（ε-greedy）。

$$\Pi(a'|s') = \begin{cases} 1 - \varepsilon + \dfrac{\varepsilon}{m} & \text{if} \quad a' = \arg\max Q(s',a'), a' \in A \\ \dfrac{\varepsilon}{m} & \text{if} \quad a' \neq \arg\max Q(s',a'), a' \in A \end{cases} \qquad (5-2)$$

式中，ε 是可调参数，m 是可执行的动作数量，上式给出的是每个可执行动作的被选中概率，其中 $Q(s',a')$ 最大的动作被选中的概率最大，其余动态概率较小且相等。ε-greedy 策略能保证智能体大概率选择当前已积累的最优动作，但也有一定的概率可自由探索发现新的机会，避免陷入局部最优。

强化学习算法在部署以后需要经过一段时间的试错学习来更新 Q-table，这个过程依据项目大小需要 2~4 个月达到稳定，由于有专家规则的约束，在试错训练阶段也能保证基本的系统安全和稳定性。在 Q-table 基本稳定后，强化学习算法依然在执行，若在后续的运行过程中，系统设备逐渐老化，强化学习也能及时捕捉到这一趋势，改变运行策略。但是 Q-learning 算法适用于控制变量或环境参数较多的情况下，因为 Q-table 的行列数会以指数级增长，搜索时间长，更新速度慢，此时一般用深度神经网络模型代替 Q-table，这就是所谓的深度强化学习（Deep Q-Network）算法。

5.1.4　群体智能优化算法

群体智能优化算法是指借鉴一些现实世界的原理，模拟某类现实进程，来对优化问题进行求解的方法，也叫启发式算法。现在常用的现代优化算法包括模拟退火算法（Simulated Annealing，SA）、遗传算法（Genetic algorithm，GA）、粒子群算法（Particle swarm optimization，PSO）等。

1. 优化算法概述

模拟退火算法得益于材料统计力学的研究成果。统计力学表明材料中的粒子的不同结构对应于粒子的不同能量水平。在高温条件下，粒子的能量较高，可以自由运动和重新排列。在低温条件下，粒子能量较低。如果从高温开始，非常缓慢地降温（也称为退火），粒子就可以在每个温度下都达到热平衡。当系统完全被冷却时，最终形成处于低能状态的晶体。其算法流程示意图如图 5-7 所示。

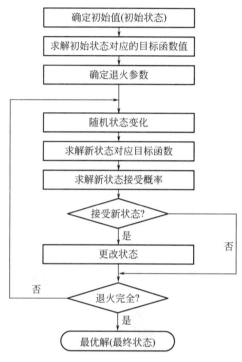

图 5-7 模拟退火算法流程示意图

遗传算法是一种基于自然选择原理和自然遗传机制的搜索（寻优）算法，它是模拟自然界中的生命进化机制，在人工系统中实现特定目标的优化。遗传算法的实质是通过群体搜索技术，根据适者生存的原则逐代进化，最终得到最优解或准最优解。遗传算法具体是这么实现的：首先产生初始群体，求每一个体的适应度，根据适者生存的法则选择优良个体，通过随机交叉其染色体的基因并随机变异某些染色体基因后生成下一代群体，按此方法使群体逐代进化，直到满足进化终止条件，如图 5-8 所示。一般来说，在实际操作中，需要首先确定对应编码形式，编码形式的确定对求解影响比较大。

粒子群算法，也称粒子群优化算法或鸟群觅食算法。粒子群算法的诞生来源于模拟鸟群或鱼群中有机运动体的社会行为。它通过在有机运动体（这里称为粒子）的位置和速度上根据简单的数学公式得到一组候选解决方案并在求解空间中移动这些粒子来解决问题。和模拟退火算法相似，它也是从随机解出发，通过迭代寻找最优解，通过适应度来评价解的品质，但它比遗传算法规则更为简单，没有遗传算法的"交叉"和"变异"操作，它通过追随当前搜索到的最优值来寻找全局最优。粒子群算法的流程示意图如图 5-9 所示。

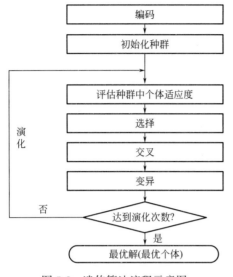

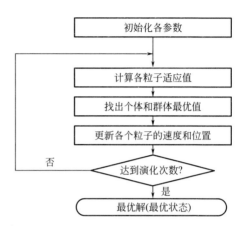

图 5-8　遗传算法流程示意图　　　　图 5-9　粒子群算法流程示意图

2. 优化算法应用

优化算法在建筑暖通领域通常也被用于优化控制，与机器学习模型结合形成了模型预测控制方法（Model Predictive Control，MPC），用来寻找关键参数的最优设定值，比如冷水出水温度、冷水机组开启台数、水泵频率等，MPC 可以同时优化多个设定参数。

优化算法的三个要素分别是目标函数、边界条件和可控变量。还是以优化控制冷水机组出水温度为例，与强化学习的激励函数类似，优化算法的目标函数也可以设置为室内温度实测值与设定值的偏差以及冷水机组能耗的加权值；可控变量即冷水机组的出水温度设定值，需要将其离散化；边界条件可结合专家规则设定，使冷水机组出水温度不超出安全范围，假如每 1℃进行离散，在这个例子里，冷水机组出水温度可选执行空间为 Ω：[5，6，7，8，9，10]（℃）。于是，整个的优化过程就可描述为在空间 Ω 中寻找使目标函数最小的值，作为执行策略。如前一小节所述，优化算法需要进行多次迭代，每次迭代需计算目标函数值，并根据目标函数确定下一次迭代的执行动作（粒子群算法或是遗传算法的区别在于每次迭代时选择下一次执行动作的方法不同）。目标函数受执行动作影响，冷水机组设置不同的出水温度所消耗的能量是不同的。为了加快迭代过程，需要快速计算出执行动作对应的目标函数值，于是这里就引入了机器学习模型。机器学习模型在线下提前训练好，在优化过程中仅用于预测。对于复杂系统，相较于物理模型机器学习模型的计算速度快得多。经过预设次数的迭代计算或目标函数趋于稳定收敛，整个优化过程结束，最后一轮迭代过程中的执行动作即为优化结果。

5.1.5　计算机视觉及机器人学

在人工智能中，机器人试图模拟人类完成一些重复性的工作，计算机视觉是机器人感知环境所需要的重要技术。

机器人技术开发可以替代人类并复制人类行为的机器。机器人可用于多种情况和多种用途，今天多用于危险环境（包括检测放射性物质、检测炸弹）、制造过程或人类无法生存的地方（例如在太空、水下、高温下，以及清理和遏制危险材料和辐射）。机器人可以采取任何形态，有些机器人的外观类似于人类，此类机器人试图复制步行、举重、说话、认知或任何其他人类活动。在高效机房的建设中，可使用机器人替代人类完成复杂、重复的工作，譬如设备巡检；得益于机器人形态的多变性，还可以使用机器人完成人类不易于完成的工作，如管道巡检等。

机器人集成了机械工程、电气工程、信息工程、机电一体化、电子、生物工程、计算机工程、控制工程、软件工程等领域的技术，其硬件组成通常包括能量源（如电源）、驱动器（如电机）、传感器、操纵器、运动机构等，软件功能包括控制、环境互动和导航、人机交互（如语言识别）等。

计算机视觉寻求理解和自动化人类视觉系统可以完成的任务，任务包括获取、处理、分析和理解数字图像的方法，以及从现实世界中提取高维数据以生成数字或符号信息的方法，例如以决策的形式。在这种情况下，理解意味着将视觉图像（视网膜的输入）转换为对思维过程有意义并可以引发适当行动的世界描述。这种图像理解可以看作是使用借助几何学、物理学、统计学和学习理论构建的模型从图像数据中分离符号信息。在高效机房的建设中，若使用机器人进行巡检，则离不开计算机视觉技术的应用。

计算机视觉系统具有的典型功能包括：

（1）图像采集：数字图像由一个或多个图像传感器产生，除了各种类型的光敏相机外，还包括距离传感器、断层扫描设备、雷达、超声波相机等。根据传感器的类型，生成的图像数据是普通的 2D 图像、3D 体积或图像序列。计算机视觉系统需要采集这些图像。

（2）预处理：将计算机视觉方法应用于图像数据以提取某些特定信息之前，通常需要处理数据以确保它满足该方法隐含的某些假设。比如：重新采样以确保图像坐标系正确；降噪以确保传感器噪声不会引入错误信息；增强对比度以确保可以检测到相关信息；缩放空间以在局部适当的尺度上增强图像结构。

（3）特征提取：从图像数据中提取各种复杂程度的图像特征。这些特征的典型例子包括：线条、边缘和脊线；局部兴趣点，例如角、斑点或点；更复杂的特征可能与纹理、形状或运动有关。

（4）检测/分割：在处理时，决定哪些图像点或图像区域与进一步处理相关。比如：选择一组特定的兴趣点；分割一个或多个包含特定感兴趣对象的图像区域；将图像分割成嵌套的场景结构，包括前景、对象组、单个对象或显著对象部分（也称为空间分类群场景层次结构）；将一个或多个视频分割或共同分割成一系列每帧前景蒙版，同时保持其时间语义连续性。

（5）高级处理：实现主要的处理目标。在这一步，输入通常是一小组数据，例如一组点或假设包含特定对象的图像区域。处理的操作例如：验证数据是否满足基于模型和特定于应用程序的假设；估计特定于应用程序的参数，例如对象姿势或对象大小；图像识别，即将检测到的对象分类为不同的类别；图像配准，即比较和组合同一对象的两个不同视图。

（6）决策制定：完成最终的目标，例如：自动检查应用程序通过/失败；识别应用程序中的匹配/不匹配；标记以在医疗、军事、安全和识别应用程序中进行进一步的人工审查。

5.2 高效机房故障诊断

5.2.1 故障检测与诊断（FDD）的基本概念

一个完整的故障检测与诊断过程包括三个步骤（图5-10）：故障检测、故障诊断和故障评价。首先故障检测是通过对系统进行监测，判断其是处于正常运行状态还是发生了故障，并发出警告；其次依据系统的故障表现来确定故障发生的原因（故障模式）和严重程度；最后，对故障进行评价，以决定采取何种补救措施。对于故障的识别，需要考虑系统特性和用户对"虚警率（False-Alarm Rate）"的容忍程度，当系统发生故障会影响生命或重大财产安全时（例如数据机房冷水机组系统），需要设置较高的虚警率，尽量避免遗漏任何可能的故障；而对于一般系统（例如普通商业楼宇的冷水机组），需要考虑用户的忍受程度设置虚警率，避免造成用户厌烦而对诊断报警系统失去信心。

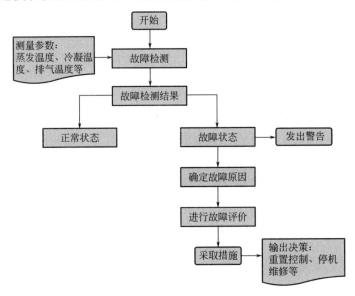

图5-10 典型FDD系统过程

5.2.2 机房主要设备常见故障

（1）冷水机组

在实际工程中，冷水机组的故障种类繁多，根据美国学者Comstock和Braun对美国主要的冷水机组厂商抽样调查结果，发现出现频率较高和维修费用较多的是压缩机和电气故障，如控制箱/启动器故障出现频率高达33%，维修费用约占总费用的64%，这些属于硬故障，会造成冷水机组无法正常运行，因此很容易被检测到。相比之下，软故障不会影响机组正常运行，只会使冷水机组性能下降，因此软故障较难被检测到，但是软故障会造成能源的大量浪费，因此也需要引起足够的重视，以下列举了工程中常见的7类软故障，出现频率为36%，维修费用占总费用的26%。

① 冷却水量减少

冷却水量不足会导致冷凝压力增加，冷凝温度升高，制冷剂过冷度增加，释放的冷凝热减少，冷水机组功耗增加。造成冷却水量不足的原因可能是冷却水泵故障或阀门调节不当、冷却水泵控制策略不当以及冷却水管路堵塞等。当系统冷却水量下降20%时，冷水机组性能开始出现显著下降。冷凝器进出口温差、冷凝温度、制冷剂过冷度和压缩机功耗等指标是判断冷却水量是否不足的敏感指标。

② 冷水量减少

冷水量不足会导致蒸发器进出口温差增大，蒸发压力下降，蒸发温度下降，制冷量下降，压缩机吸气过热度下降，压缩机排气过热度下降。与冷却水量不足原因类似，造成冷水量不足的原因主要是冷水泵出现故障，阀门调节不当以及冷水环路控制策略不当。当系统冷水量下降超过30%时，冷水机组性能开始出现显著下降。蒸发器进出口温差、蒸发温度、压缩机吸气过热度和排气过热度等指标是判断冷却水量是否不足的敏感指标。

③ 制冷剂泄漏或充注不足

机组制冷剂不足会导致冷凝压力下降，冷凝温度下降，冷凝器进出口温差减小，制冷剂过冷度升高，制冷量下降，压缩机功耗下降，冷水机组性能下降。除了管道破损或连接不紧密造成的制冷剂泄漏，造成制冷剂不足的原因往往是在更换压缩机、冷凝器和机组阀门等过程中出现的。在诊断是否制冷剂不足时，可以用冷凝温度、过冷度、压缩机功耗及冷凝器进出口温差为敏感指标。除此之外，还可以通过观察来判断，当制冷剂发生泄漏时，管道破损处表面会出现油渍，通过视液镜可观察到大量气泡，同时伴随刺激性气体，压缩机表面会出现结霜。结合上述信息可以更准确地判断是否出现制冷剂泄漏现象。

④ 制冷剂充注过量

制冷剂充注过量一般出现在维修后，否则不会凭空多出制冷剂。当制冷剂过量时，多余的制冷剂会积聚在冷凝器中，造成有效冷凝换热面积减小，释放的冷凝热减小，冷凝压力和冷凝管温度升高，制冷剂过冷度下降，压缩机排气温度升高，压缩机功耗增加。因此可以通过检测上述指标来诊断制冷剂是否过量。除此之外，制冷剂过量时还会增加压缩机喘振的可能性，压缩机表面也会出现结霜现象。当制冷剂充注量超过26%时，机组性能会出现明显下降。

⑤ 冷凝器结垢

冷凝器结垢会导致热阻增加，影响制冷剂和冷却水之间的换热效果，导致冷凝压力和冷凝温度上升，压缩机功耗增大，冷凝器进出口水温差减小。冷凝器结垢的出现一般是由于水质原因，当安装在冷却水系统上的软化水装置维护不当时，冷凝器结垢的可能性很大。

⑥ 存在不凝性气体

进入冷水机组的不凝性气体主要包括空气、氢气、氮气、润滑油蒸气等，这些气体进入机组后会积聚在冷凝器中，附着在冷凝器管壁上，使得冷凝器有效换热面积减小，导致冷凝器进出口温差减小，冷凝压力增加，压缩机排气压力和温度升高，压缩机功耗增加。机组中出现的不凝性气体一般是在充注制冷剂或机组检修过程中。例如，在充注制冷剂前没有将残留在机组内部的空气完全抽真空。

⑦ 润滑油过量

润滑油对机组的正常运行起到了至关重要的作用，可以减少摩擦，带走摩擦热，在接触面间隙充注润滑油还可以帮助减小制冷剂的泄漏。但是当润滑油过量时，则会对机组产生危害。过量的润滑油会进入压缩机气缸，引起液击，并且还会进入冷凝器和蒸发器，在换热管表明形成油污，影响换热，进而增加压缩机功耗，降低机组性能甚至寿命。过量的润滑油会引起的明显变化是：油箱内油温升高，压缩机功耗增加。当润滑油充注量超过 50% 时，会对机组产生显著的不良影响。

（2）水泵

① 水泵汽蚀

水泵汽蚀是因为吸入口压力较小，低于液体的汽化压强，液体汽化产生大量气体，夹杂着液体冲击泵体。水泵汽蚀危害很大，轻则造成水泵振动，重则影响水泵寿命，因此在水泵运行过程中应严格防止汽蚀。水泵厂商一般都在样本中给出水泵必须的汽蚀余量 Δh（或允许吸入口真空度 HS），通过以下公式可以计算出水泵的允许安装高度：

$$H_g = \frac{P_O - PV}{\gamma} - \sum h_s - \Delta h \qquad (5\text{-}3)$$

式中　P_O——吸入液面压强；

　　　PV——液体在该温度下的汽化压强；

　　　$\sum h_s$——吸液管路的水头损失。

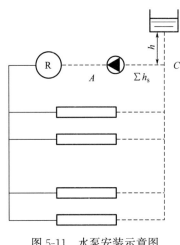

图 5-11　水泵安装示意图

空调水系统出现气蚀的情况较少，但不能忽视，如图 5-11 所示，C 点压力为大气压 P_a 加上膨胀水箱的高差 h，若水温较高，PV 接近于 P_a，而水泵位于楼顶，膨胀水箱高度不够，再加上吸液管路的水头损失，很可能导致 H_g 为负值，那么水泵吸入口就会出现液体汽化，形成汽蚀现象。

② 启动后不出水、出水少

若水泵转动但不出水，可能是因为管件被堵塞，需检查滤网、叶轮、导流壳及出水管是否被堵塞，出水管是否破裂等。还有可能是因为水泵运行过程中液体没有注满，吸水高度偏高，吸水管存在漏气或者空气。若水泵正常运转但出水很少，除了堵塞的原因外，还有可能是由于叶轮脱落，实际扬程远超水泵额定扬程，叶轮翻转等原因造成的。

③ 振动或异常噪声

通过水泵的振动及噪声观察水泵运行状态是常用手段，一般导致水泵出现剧烈振动或异常噪声的原因有多种：①导轴承磨损，使轴在轴承内摆动，电流增大，电流表指针剧烈摆动，机组振动；②叶轮松脱，和导流壳产生碰撞或摩擦；③电机转子或叶轮本身动静平衡不合格，转动时引起机组振动；④地脚螺栓没有拧紧，基础不够牢固；⑤出现汽蚀现象。

（3）冷却塔

风机是冷却塔的主要部件，是空调系统循环水冷却降温的关键设备，工程实践中，冷却塔风机出现故障一般伴随着异常振动，因此可以通过检测风机振动频率来诊断风机是否正常运行，表5-2总结了风机的常见故障及原因。

风机转子系统的异常振动类型及其特征　　　　　　　表5-2

频带区域	主要异常原因	异常振动特征
低频	不平衡	由于旋转体轴心周围的质量分布不均,振动频率一般与旋转频率相同
	不对中	当两根旋转轴用联轴器连接有偏移时,振动频率一般为旋转频率或高频
	轴弯曲	因旋转轴自身的弯曲变形而引起的振动,一般发生旋转频率的高次成分
	松动	因基础螺栓松动或轴承磨损而引起的振动,一般发生旋转频率的高次成分
	油膜振荡	在滑动轴承做强制润滑的旋转体中产生,振动频率为旋转频率的1/2左右
中频	压力脉动	发生在水泵、风机叶轮中,每当流体通过涡旋壳体时发生压力变动,如压力发生机构产生异常时,则压力脉动发生变化
	干扰振动	多发生在轴流式或离心式压缩机上,运行时在动静叶片间因叶轮或扩压器、喷嘴等干扰而发生的振动
高频	空穴作用	在流体机械中,由于局部压力下降而产生气泡,到达高压部分时气泡破裂,通常会发生随机的高频振动和噪声
	流体振动	在流体机械中,由于压力发生机构和密封件的异常而发生的一种涡流,也会产生随机的高频振动和噪声

5.2.3　水系统常见问题

空调水系统是一个比较大的概念，不是指单一的某个设备或者某段管路，而是所有制冷设备、动力设备、输配管网等组成的有机体，这个有机体的协同工作完成了热量从室内到室外的转移，这个有机体中的任何一个环节出现问题都会导致整体系统性能不佳。本小节讨论的主要是导致水系统性能劣化的问题，而造成水系统性能低下的原因也是多方面的，综合来说可以总结为设计、设备性能以及运行策略方面的原因。空调制冷机房的设计一般是对标最不利工况，满足一定的不保证小时数，而且设计时为了保险起见往往会选择较大的设备余量，因此在实际运行时绝大部分时间设备是处于部分负荷下运行，效率较低。设备随着运行年限的增加可不避免出现老化现象，导致自身性能劣化并可能使关联设备偏离最佳工况。制冷机房设备由于其复杂性要求运维者具备丰富的专业基础知识和实践经验，根据建筑的负荷变化灵活调节系统的运行策略，或是采用智能化方法使系统实现自我调节，让系统处于较高的部分负荷率从而提高能效。但是目前国内大多数楼宇的制冷机房管理的智能化水平较低，主要依赖人为调节，而管理人员一般是按照固定的时间表开关设备或调节温度，很难让系统维持在高能效运行状态。

（1）冷水机组容量配置过大

目前在空调系统设计过程中，由于考虑各种各样的安全系数，使得冷水机组装机容量普遍偏大，造成初投资的很大浪费，同时影响部分负荷下的冷水机组效率。图 5-12 是北京 10 家商场单位空调面积的冷水机组装机容量和实际峰值冷量的数值，大部分商场的峰值负荷明显小于冷水机组装机冷量，而且全年来看，建筑的实际负荷处于峰值的时间很短，所以冷水机组大多数时间在比较小的部分负荷下运行，COP 不高。

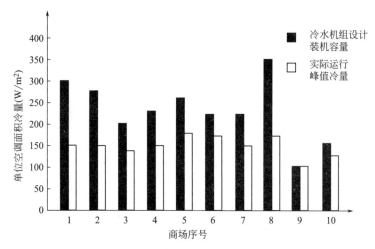

图 5-12　北京 10 家商场冷水机组装机容量和实际峰值冷量对比

（2）冷水机组控制不当

冷水机组的控制策略是影响冷水机组能效的重要因素之一，表 5-3 是针对上海市商业建筑的冷水机组控制策略的调查问卷结果。冷水温度影响着机组能耗，在建筑为部分负荷的情况下，适当提高供水温度既能够满足所需冷负荷又可以提高机组效率，调查结果显示，36％的建筑对冷水机组供水温度不进行调节，维持冷水机组 7℃ 出水。55％的运行人员启停控制基于时间表，即对机组的运行排期，此方法仅保证机组运行时间的相对均匀，对机组控制参与度较低的运行人员均采用该控制依据，27％的运行人员采用冷水的回水温度作为控制冷水机组启停依据，18％的运行人员以室外温度为控制依据。

冷水机组控制策略问卷调查结果　　　　　　　　　　　　　　　表 5-3

调研项目	结果
冷水供水温度	大部分运行人员会调节供水温度
机组运行侧重点	室内环境或机组能耗
序列启停控制依据	时间
是否根据天气预报预先调节	部分项目针对极端天气进行预先调整
保养	定期保养
投诉	室内人员对空调环境投诉较普遍

（3）水泵扬程过大

在相关调研中发现，设计过程中冷却水泵和冷水泵扬程选择过大是一个非常普遍的问题。在这样的系统中，阀门消耗了大部分扬程电耗，对水泵的节能很不利。如果打开水阀，减小水阀阻力，那么水泵运行点会偏移至工况 A（图 5-13），效率下降，电耗增加，而且可能会比水泵电机的额定功率大得多，增加电机烧毁的风险。

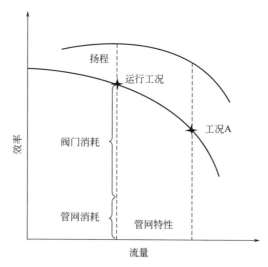

图 5-13　冷水泵扬程选择过大运行示意图

（4）水泵冬夏共用

多数情况下，夏季供冷和冬季供热共用一套循环水泵，这种设置方式是不合理的。这是因为在空调水系统中，夏季的供回水设计温差一般取 5℃，而冬季供回水设计温差一般取 10℃，且对于多数的民用建筑，冬季热负荷往往小于夏季冷负荷。由此导致夏季空调循环设计水流量将达到冬季循环设计流量的 2 倍以上。若冬夏共用一套循环泵，会导致冬季泵的参数过大。比较合理的方式是分开设置冬夏水泵，在夏季部分负荷运行时，通过切换阀门，启用冬季的低扬程泵，不必在部分负荷时另配水泵。在实际工程中，只有夏冬两季冷热比小于 0.6 时才建议共用循环泵。

（5）大流量小温差

冷水泵的能耗在一个中央空调系统的总能耗中占据着相当大的比例，大多数建筑空调系统的冷水泵耗能能够超出冷水机组耗能的 30%，甚至可以达到 50% 以上。对于冷水系统，"大流量小温差"的现象经常发生。对于二次泵系统，这会致使二次侧需求流量的升高，增加冷水泵能耗。而部分冷水回水会经旁通管后与冷水机组的出水混合，并造成二次侧供水温度的上升，尽管此时的冷水机组负荷率通常还远未达到最高效率点，系统也只能通过增开冷水机组来保证制冷除湿的效果。冷水机组在低负荷率下的运行极大地降低了其自身和整个系统的运行效率，并造成了严重的能耗浪费。

"大流量小温差"现象几乎存在于所有公共建筑的水系统，只是严重程度不同。设计或运维的不合理都可能造成"大流量小温差"现象，其原因是多方面的。图 5-14 中实线是单一换热盘管在连续调节时的相对冷量与相对流量的关系，用原点与额定工况点连线（对角虚线）的斜率定性地表示额定工况下的供回水温差，一般是 5℃。理想的盘管工作负荷率区间应该为 0～100%，在绝大多数情况下它均处于部分负荷率下运行，其供回水温差大于额定值（斜率较大）。但在实际运行过程中，系统的相对流量-相对冷量相对关系并不是如此，有文献分析了国内包括香港地区的多栋公共建筑水系统特性，发现实际水系统总是倾向于"大流量小温差"运行，不同的建筑、不同的末端调节方式会造成水系统的"大流量小温差"严重性程度不同，特征曲线（带）形态也存在差异，但都可以用"下塌""越界""上失灵"和"下失灵"等现象来刻画和描述（图 5-15）。

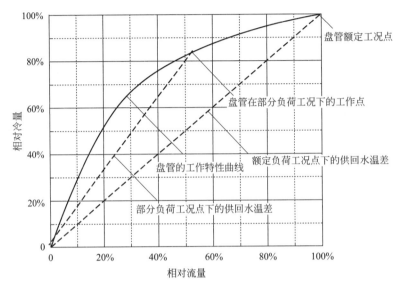

图 5-14　单一盘管相对冷量-相对流量曲线图

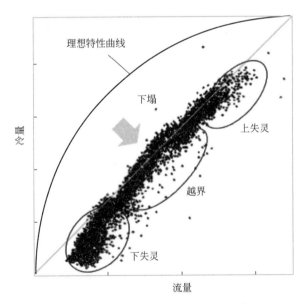

图 5-15　"大流量小温差"各种表象示意图

造成单一换热盘管特性曲线改变的原因主要是其工况发生改变，进风温度降低、风量减少、供水温度升高等情况均会造成理想换热性能曲线的向下塌陷。另一方面，水系统通常由多个换热盘管并联而成，当系统出现水力不平衡或热力不平衡时，盘管的综合性能曲线都会偏离理想状态。综合分析，可能造成"大流量小温差"的现象主要包括以下原因：

① 盘管选型偏小，出力不足；

② 盘管结垢，传热系数减小；

③ 盘管实际进风量偏小，过滤器发生堵塞或盘管积灰造成风阻变大，风管与盘管的连接松动造成漏风现象；

④ 盘管进风温度高或进水温度高，因此不可为了提高冷水机组效率盲目提高冷水机组出水温度；

⑤ 系统存在不必要的旁通管路、设备或存在停用但水阀不关或关不紧的盘管，造成系统水力不平衡；

⑥ 阀门控制不当，采用通断控制或连续控制在低负荷时失灵，一点点开度往往就能产生很大的流量（相对于负荷需要而言），于是此时流量供大于求，水阀马上就会自行关闭，如此反复，形成震荡现象，因此在水系统建议采用等百分比型阀门对系统流量进行控制，它的优点是流量小时流量变化小，流量大时则流量变化大；

⑦ 变频冷水泵控制压力过高，导致系统出现不必要的过流（流量大），并且容易使末端阀门处于全开或者全关的震荡状态；

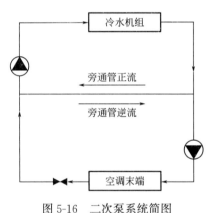

图 5-16 二次泵系统简图

⑧ 二次泵系统更容易出现"大流量小温差"，在一次泵定流量，二次泵变流量系统中，一次泵流量按照 5℃温差选取，一旦二次侧出现"大流量小温差"，当其实际流量需求大于一次侧流量，旁通管就会出现逆流（图 5-16），使得供水温度升高，进一步加剧"大流量小温差"，形成恶性循环。

在上述原因中，由于建筑负荷的多变性，热力不平衡和水力不平衡很难完全消除，因此不可避免会出现一定程度的"大流量小温差"，但是可以从其他方面着手，提高设计和运维管理水平，尽量减轻"大流量小温差"。

（6）管道堵塞

管道堵塞是水系统最常见的问题之一，造成系统不能正常工作。冷却水泵进口处 Y 形过滤器堵塞会导致水泵扬程不足，泵前吸水管负压，橡胶软接头处有凹瘪开裂现象。空调箱附近管道堵塞，造成出风口处有风吹出却无法降温，制冷效果差，且阀门全开但压力表读数几乎为零，因为管道内水流量极少。

（7）冷水和冷却水流经不运行冷水机组

在多台冷水机组系统中，冷水和冷却水流过不运行冷水机组是比较普遍的现象，可能是操作人员图省事，也可能是阀门老化关不紧，这样会导致开启冷水机组的水流量不足，一是影响冷水机组的换热效果设置使用寿命，二是会导致实际供水温度偏高，制冷效果差。

（8）冷却塔溢水

冷却塔溢水是指冷却水流没有进入塔里降温而直接从塔顶溢出，出现这种问题的原因可能有两种，一是管路布置不当，支管阻力不均匀，如图 5-17 所示，支管 1 和支管 2 的管径相同，但支管 2 明显更长，因此阻力更大，支管 2 的流量小，即便通过阀门调节阻力也只能短暂消除溢流现象，而且溢水有时会发生"转移"，即原先溢水的一侧水量逐渐减小，另一侧发生溢水现象。另一个原因是布水孔堵塞，两侧阻力不均，导致一侧流量不足，另一侧发生溢流。此外，若存在多台冷却塔并联，则需要增加平衡管将各台冷却塔的水盘联通，否则也会出现溢流现象。

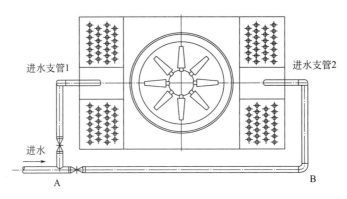

图 5-17　冷却塔进水示意图

5.2.4　故障诊断的常用方法

（1）经验分析法

根据工程经验或专家知识，对敏感指标进行人为判断从而进行故障诊断是目前最常用的方法。这种方法严重依赖专业水平和工程经验，要求诊断者对于诊断对象的运行机理有清晰的认识，可以判断外在症状对应的故障类型及原因。本章第二小节总结了制冷机房主要设备及系统整体的常见故障及敏感指标，可据此进行故障识别并对可能的原因进行排查。

（2）物理模型法

采用物理模型法进行故障诊断首先建立系统正常运行状态的参考模型，然后计算参考模型对表征故障的特征参数的预测值与系统运行的实测值之间的残差，根据得到的残差对系统的故障进行检测与诊断，如图 5-18 所示。物理模型法可分为基于定量物理模型的 FDD 和基于定性物理模型的 FDD，如图 5-19 所示。

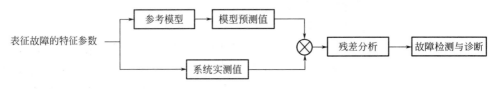

图 5-18　基于模型的 FDD 方法流程

基于定量物理模型的 FDD 通常需要对系统中各组成部件的关系和原理有详细了解，基于质量守恒、动量守恒、能量守恒原理以及传热、传质关联式等，构建系统的输入与

114

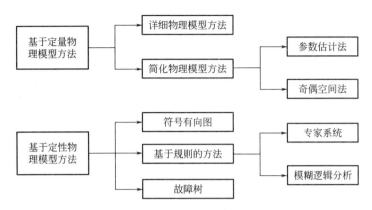

图 5-19　基于物理模型的故障诊断方法分类

输出之间的详细或简化物理模型。基于定量物理模型的方法不仅可以反映系统的静态特性，而且可以反映系统的动态特性。建立定量物理模型可以借用成熟的模拟工具，例如采用 EnergyPlus 建立楼宇模型及内部空调系统，模拟其在运行状态，将计算结果作为比较基准。对于非常规系统可自行编写程序模拟其运行状态。基于定量物理模型的 FDD 方法的优点是精确的物理模型可以对系统的输出进行较为准确的估计，并且可解释性强。但是对于复杂系统（有着大量的输入与输出）来说，精确的物理模型通常是复杂的，并且模型与真实物理过程之间天然存在偏差，模型所需要的一些参数在实际中很难精确获得，比如压缩机中实际压缩过程中各状态点的制冷剂参数。

基于定性物理模型的 FDD 法是通过建立系统输入与输出之间的定性关系式或规则库来分析系统及其部件的状态。故障树分析法从一个可能的故障症状开始，自上而下，逐层寻找导致这一故障的直接原因和间接原因，直到找到最基本的原因为止，形成一个倒立的故障树。基于规则的方法依靠大量的专家知识来制定一套 if-then-else 规则形成一套逻辑推理机制。基于定性物理模型的 FDD 法的输入可以是定量的参数，也可以是定性的参数，而如果是定性参数，就需要首先对参数进行模糊处理，处理成计算机能处理的语言。基于定性物理模型的 FDD 方法类似于经验分析法，只是将其数字化、结构化转换成计算机能读懂的形式，因此这种方法很大程度上依赖于专家知识和构建者的经验与知识水平，对于复杂系统，很难获得包含全部规则的规则库。不过其优点是方法简单，容易构建与应用，由于该方法是基于因果关系构建的，因此可以清晰地解释故障的原因，可解释性更强。

（3）数据模型法

相比于物理模型法，基于数据的 FDD 法即不需要构建精确的或简化的物理模型，也不需要依赖于大量的专家知识，而是通过对历史运行数据的分析来实现 FDD 过程，如图 5-20 所示。完全不依赖物理模型，而直接采用运行数据建立数据驱动模型的方法也被称为黑箱模型，本身没有物理意义。灰箱模型是介于物理模型和黑箱模型之间，整理框架有物理意义，其中部分参数或模块采用黑箱模型构建。模式识别方法，统计学方法与基于信号处理的方法都属于黑箱模型的方法。前两者属于人工智能中机器学习的范畴，在各个领域被广泛应用和研究，但对于空调系统故障诊断的工程应用尚处于摸索阶段。影响黑箱模型性能的两大关键因素是数据和算法，目前可用的成熟算法很多，包括神经网络、支持向量机等，并且这些算法已经被封装成可直接调用的软件包。黑箱模型的训练同时需要大量高质量的数据作为支撑，但是目前大多数楼宇的空调运行数据是缺失的，或质量很差。另一方面，黑箱模型的泛化性一直是阻碍其应用的主要问题之一，要确保模型具备足够好的性能，需要在训练模型时采用涵盖尽可能多工况的运行数据。

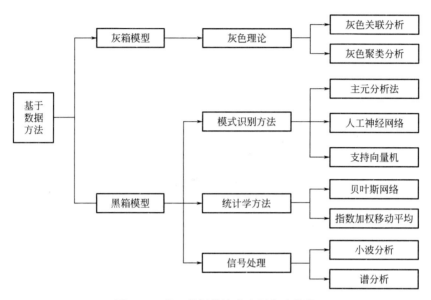

图 5-20　基于数据的故障诊断方法分类

5.3　机器人的巡检应用

5.3.1　机房巡查介绍

1. 机房巡查的意义

机房设备种类众多，各设备间的工作既独立又联系。设备不仅本身资产价值较高，且其运行状态直接影响了空调系统的安全性、舒适性以及高效性。因此，通过机房巡查来监测设备的运行状况，及时进行异常预警以及事故响应，是对能效安全、财产安全、人身安全的重要保障。

2. 机房巡查模式的发展

随着时代发展与技术进步，机房巡查大致发展出了三种模式：人工巡查、传感器巡查以及机器人巡查。

人工巡查是最经典也是目前最主流的巡查模式，其依靠人工逐一走访设备，观察并记录设备运行情况，其准确性主要依赖于人员的视觉、听觉以及主观经验，数据一般以纸张作为载体。

传感器巡查是后期发展的一种辅助人工模式，其通过在各个待检点安装各类传感器以远传设备的运行信息，在远端再通过预设的规则或人工来进行信息判断，其准确性主要依赖于传感器的精度、传输线路的稳定性、预设规则的有效性以及人工经验，巡查数据一般以电子文档的形式记录在内部系统中。

机器人巡查则是在近期兴起的一种模式，其类似于前两者的融合，将各类传感器集成在同一台机器人后，机器人将逐一走访各个设备，然后采集相关信息，并根据内部算法进行巡检结果判定，其准确性主要依赖于机器人定位精度、传感器精度、通信线路稳定性以及算法有效性，巡查记录则一般是以电子信息的方式存储在各个平台上。

3. 机器人巡查的优势

相比于人工巡查，机器人巡查具有以下几点优势：

（1）机器人不存在人的主观不稳定性：一方面，人与人之间具有差异，不同人的岗位培训程度、感官灵敏度、惰性不同，导致不同人记录数据的可靠性不同；另一方面，同一个人的体力在不同时间段存在差异，导致同一个人在不同身体条件下记录数据的响应速度以及可靠性也不同；

（2）机器人可以克服人的固有不足：人由于人体器官功能限制，可以感知到的信息范围有限，而机器人通过各类传感器可以量化描述人所不能准确描述的信息，如红外信息、声音信息、振动信息等；

（3）机器人可以降低企业成本：一是机器人通过电子化记录替代纸质文档可以减少记录存储管理成本，二是机器人通过全天候工作替代人工轮班可以减少企业用人成本。

相比于传感器巡查，机器人巡查的优势主要体现在成本层面，更具体地，是"数量"带来的优势。传感器巡查需要大量的传感器，这就导致：

（1）传感器巡查需要大量的传感器部署以及维护费用，因此大部分机房的传感器系统实际处于一个失效的状态，而机器人因为是集成传感器，所以可以节省这部分费用；

（2）传感器巡查所需传感器存在单价限制，而机器人则可以在成本可接受的范围内，配备单台单价更高的传感器，在信息丰富度的量上甚至质上取得优势。

除此之外，机器人巡查的意义更体现在其采集的数据本身。通过对采集数据进行数学建模、挖掘分析等，突破了传统巡查以结果检测为导向的弊端，提供了成因分析以及过程分析，有效改善了事件发现滞后的问题，全面推动了机房信息化、数字化、自动化以及智能化。

5.3.2　巡检机器人一般部署流程

1. 机房巡检需求及场地条件调研

部署巡检机器人首先需要了解机房的硬性场地条件以及软性巡检需求，充分了解过后才能在机器人的选择上做到有的放矢。机器人的构成可以大体抽象为底层负责定位、导航的行进机构与上层负责采集数据的感知机构，二者应分别与场地条件与巡检需求匹配。

场地条件需要重点关注的地方包含但不限于以下方面：

（1）地面平整度，地面最大的凹陷、凸起程度有多少，能否允许机器人通过，机器人在通过时俯仰角度是否过大；

（2）地面摩擦系数，地面是由什么材料铺设而成，是否存在漏水、漏油的情况，机器人是否可能会打滑；

（3）障碍物摆放，管道、钢架是如何铺设，设备间的空隙如何，机器人在必经路线上是否可能会发生碰撞；

（4）场地空旷程度，非透明表面间的距离有多远，机器人能否有效感知到参照物完成定位；

（5）其他，如光照条件、无线网络覆盖情况、容许堆放物品区域等。

在巡检需求方面可以根据对需求的认识程度进一步划分为基础型、期望型、惊喜型三个层次，考虑机器人对巡检需求的满足时，其优先级宜逐级递减。基础型主要指一些日常借助人的感知能力可以充分胜任的巡检任务，如检查机柜运行状态、检查压力、温度、流量等；期望型指巡检频次没有那么高，并且需要借助额外仪器或充分工作经验才能完成的巡检任务，如辨别电机过热、水泵故障等；惊喜型则是指在已有的运维经验中，从未如此考虑过，但如此执行确实有助于提高运维水平的任务，在本阶段可以不做考虑。

2. 机器人选购及场地适配改造

通过上一环节的梳理，确定了机器人应满足的业务目标，本阶段则从完成这些目标出发，并结合使用体验，综合筛选满足能力要求的机器人。

第一步，根据业务目标对机器人是否具有完成能力进行限制。如从场地条件出发，筛选机器人的行进方式是轮式还是腿式、轮胎宽度与底盘高度是否支持地面无障碍通行、是三维建图还是二维建图、最大感知距离多远、感知盲区范围是否可接受；从巡检需求出发，是否需要配备云台、可见光、红外光、声音阵列传感器。

第二步，根据目标完成的效果与使用体验进一步筛选机器人。如筛选机器人底层机构的稳定行进速度与上层机构的最短执行时间以满足巡检效率要求、筛选传感器参数以满足数据采集成功率要求、筛选机器人本身的计算性能以满足总体服务计算架构要求，甚至考虑是否使用多台机器人来满足冗余性的要求。

第三步，机房场地适配改造。有些时候机器人可能无法满足先前调研得到的所有要求，或有些时候机器人具有某些功能但机房条件不支持其实现，这时就需要对机房场地进行对应的改造。如机器人运行要求场地网络全覆盖、地面不可以有明显缝隙，或机器人配备了红外传感器，但需要对场地表面的发射率通过覆盖或涂装进行调整等。

3. 机房场地信息化建模

确定了机器人的选择后，下一步是令机器人认识场地、并在场地中正常运行，为此需要对场地进行信息化建模，建模的流程一般分为三个环节：地图扫描—站点建立—路径规划。地图扫描是建模的基础，目前主流方案是通过激光雷达扫描机房内墙体、设备等障碍物，生成允许机器人通行的二维云图；站点是指具有机器人位置属性、地图坐标属性的对象，是由巡检需求所决定，指导机器人到地图中的什么位置，执行何种操作；路径规划则是对机器人到达站点的顺序、频率进行设定，是机器人进行自动巡检的动力所在。

完成建模后，仍需对机器人在场地中的运行进行测试，测试机器人能否周期性地依照规划连贯且符合精度标准地到达各站点并执行指定动作。如果测试通过，则进入信息系统接入；如果测试未通过，则检查场地条件是否与机器人适配。

4. 机房信息系统接入

在机器人能够稳定运行在机房内的基础上，打通机器人与机房已有的信息化系统，完成信息整合。如机器人在运行过程中会产生各种温度、压力等结构化数据与图像、声音等非结构化数据，前者可以直接写入数据库中，后者可以写入 OSS 或 S3 中，以便于数据存取管理。

5. 机器人巡检任务执行

通过以上的流程，机器人已然能够出色地完成地点导航、数据采集、数据传输的功能，本环节则是根据巡检任务需求对机器人采集的数据进行解析，以实现不同的巡检任务。

5.3.3　巡检机器人具体巡检任务案例

1. 管道破损识别

空调系统中的水管由于长时间运行难免会出现保温层破损、保温层脱落、漏水等故障，如果维护检修不及时，将造成能耗的增加、水资源的浪费、水系统失调和室内舒适度下降等不良后果。温度是监测设备部件运行是否正常最常见的指标之一，当管道发生上述故障时，温度分布会出现明显的异常，红外热像仪则可在不干扰管道运行的情况下将这些异常记录下来。因此，便可利用巡检机器人搭载红外热像仪对管道故障进行检测。

机器人在获取红外图像后，算法将获取红外图像中感兴趣区域（即水管区域），通过特征分析，判断水管区域温度是否存在异常、管径是否发生突变以及内部是否存在高温缺陷区等，如图 5-21 所示能较为准确地检测出水管保温层破损、保温层脱落以及漏水故障。

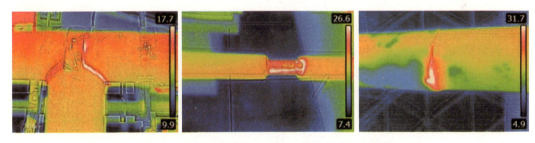

图 5-21　保温层破损、脱落、漏水故障红外图像

2. 电机过热识别

电机被广泛应用于空调系统中的泵和风机，如果出现故障，将直接影响空调系统的正常运行，因此电机的运行状态监测和故障诊断是必不可少的。当电机出现轴承、偏心、定子、转子故障时，其温度的动态以及静态特性往往会发生变化，通过识别该变化规律可以有效预防、检测电机故障。

算法将首先对电机与风扇所在区域的红外图像进行分割（图 5-22），然后计算温度最大值、平均值、标准差及高温区域占比等静态指标与温升速度等动态指

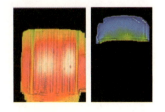

图 5-22　电机、风扇所在区域分割

标，最后将指标输入 K 近邻模型中便可有效识别热稳定与热不稳定情况下的电机故障。

3. 机械表读数识别

机械表是机房中常见的一类设备，常用于测量管道中的压力与温度，抄表是十分常见的巡检任务之一，从人读表的直觉出发，可以对一些关键点进行定位，来抽象出读数识别的过程，机器人可以搭载高分辨率的可见光摄像头对机械表图像数据进行采集，以提供读数识别的材料，见图 5-23。

算法计算基础在于借助神经网络定位表盘上下左右四个边缘点、指针中心点、指针末端点以及两个起止刻度点，然后利用这些点的坐标来完成图像矫正与旋转角计算，最后利用旋转角完成读数的插值计算。

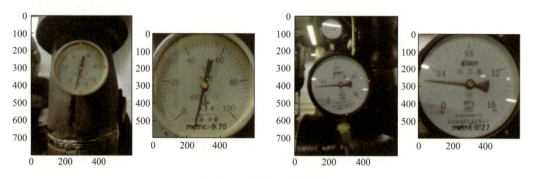

图 5-23　机械表识别效果

4. 水泵故障识别

与上述通过图像判断电机的故障不同，水泵同样也可以利用声音来检测故障。在实际运维中，工程人员便常常通过"听声音"的方式对水泵状态进行判断，但受人体对声音的分辨能力所限，其判断效果受经验影响较大，反而更适合借助声音传感器来进行判断。但考虑到机房内往往同时有多台水泵、冷水机组等背景噪声，因此有必要对"正常"进行重定义。

算法采用外域点检测的方式，放弃判断某台水泵是否正常，转而判断某个站点声音是否正常。其核心思想如图 5-24 所示，取该站点所有正常的声音为正常域，机房内其他区域的声音为外域，训练一个分类器，识别结果非正常即异常。

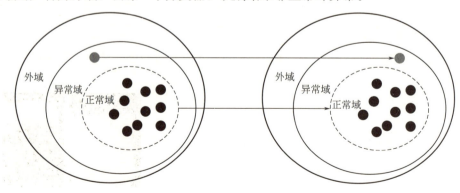

图 5-24　外域点检测原理

5. 辅助 BA 数据决策

除以上常规的巡检任务外，巡检机器人同样也可以实现一些"新型"的巡检任务，比如结合已有 BA 数据，提供一个与 BA 数据不同的视角，通过多模态的方式，立体感知机房运行情况，缩小故障诊断范围。

算法基于人工知识与历史数据建立数据-表征-故障的关联流，如图 5-25 所示，左侧是包含 BA 数据与机器人数据的数据源，中间是故障特征，右侧是故障原因，通过 BA 数据可以发现"电功率过大"，但却无法判别是由于"电源缺相"还是"轴承磨损"，此时结合热成像数据发现同时"电机过热"，则可以将故障锁定为"电源缺相"。

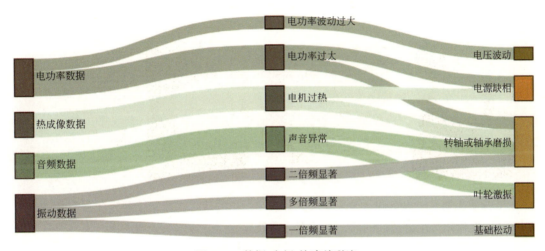

图 5-25　数据-表征-故障关联流

第6章 高效机房实施案例

6.1 某大型酒店空调系统智能控制与节能设计

6.1.1 项目概况

项目建筑面积257840m²，建筑基地面积37100m²，建筑层数地上最高17层，地下2层（设一层夹层）。建筑高度72m。

本项目是典型的酒店建筑，主要包括客房区、大堂、宴会厅、会议室、餐厅等功能用房。酒店类公共的能源消耗主要用于空调、照明、热水供应等。

6.1.2 空调系统智能控制与节能设计

本方案主要对中央空调制冷系统及空调末端设备的运行规律及管理模式制定相应的控制方法，在保障环境舒适性的前提下，充分有效地发挥设备的功能和潜力，提高设备利用率，根据使用需求优化设备的运行状态和时间，延长设备的使用寿命，降低能源消耗，全面提高空调系统在末端设备、冷水输送及冷源生产的能效比，满足高效节能的要求。

（1）空调系统形式

该建筑空调采用的方式是目前国内常见的传统方式：冷源采用大型冷水机组，末端采用全空气处理系统结合风机盘管＋独立新风系统的方式。全空气处理系统多用于大堂、宴会厅、会议室等空间的环境控制。而风机盘管＋独立新风多用于客房环境监控。冷水机组为双工况机型，采用目前常见的大小配形式，冷水机组共5台，3台3517kW（1000RT）的离心式冷水机组搭配2台1758.5kW（500RT）的螺杆式冷水机组，1台螺杆式冷水机组的容量约为1台离心式冷水机组的50%，能很好地满足各种部分负荷工况下整个系统的高效运行，2台800kW（227.5RT）螺杆式水-水高温热泵机组。末端设备包括35台新风机组、10台组合式新风处理机组，36台空气处理机组、1台组合式新风/排风一体机组和10台排风机。

（2）空气处理机组（AHU）智能控制与节能设计

末端采用全空气处理形式区域主要是大空间公共区。空气处理机组根据回风温度自动调节变频风机的风量，根据送风温度水阀开度，确保送风温度为设定值，在确保室内温度的控制精度前提下，加强响应速度，并设置CO_2浓度监测，并通过调节新风与回风阀门的开度比，实现空气质量的控制。在保障舒适性的前提下，运行过程采用多工况运行、负荷随动跟踪及等节能运行的手段，实施能效比优化的控制策略。空气处理机组（AHU）监控原理如图6-1所示。

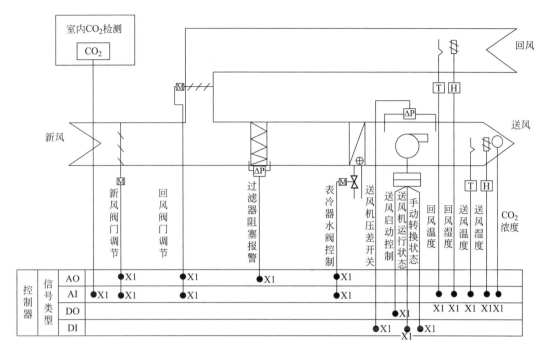

图 6-1 空气处理机组（AHU）监控原理图

① 启停优化控制

根据用户设置的启停时间表和假日作息表定时启停风机。

② 新风量控制

在常规定风量空调系统中，新风阀通常维持在一定开度，通过调节新回风阀的开度比例调节新风量。本项目中，送风机为变频运行，实际运行中，由于送风风量和压力的变化，很难保证新风量的恒定。本项目的新风阀开度控制采用根据室内外焓差和 CO_2 浓度双重控制。在过渡季中，通过调整室外新风的使用率，可以实现新风辅助供冷；在空调季，根据 CO_2 浓度检测值，调节新风阀门的开度，既充分利用室外空气的冷热效率，又保证室内新风的最小需求。

③ 报警条件

检测风机过载继电器触点状态，异常时发送过载报警；

检测过滤网两侧压差，并采集模拟量数据，压差高于设定值时则发送过滤网堵塞报警，预测并发出保养预警；

监视电动调节阀与电动风门开启度，当开启度反馈与命令不符时，发出报警，通知维修人员。

④ 联动控制

新风阀、冷水调节阀与风机运行状态联动控制，风机停止状态下关闭阀门。

⑤ 节能设计

a. 利用新风：系统自动对比回风焓值与室外焓值，当室外焓值优于回风焓值时，优先利用新风；当室外焓值优于送风焓值时，设备全新风运行；

b. 避免过度除湿：系统将根据回风温湿度与设定温湿度的差值，自动匹配最合适的送风温度，调节冷水阀门开度，减少主机的运行负荷；

c. 风机变频：为减少不必要的风循环，室内温度将通过变风量控制，根据回风温度与设定温度的差值，改变风机转速，使风机运转时，始终保持在高效区运行，达到最大的节能效果；

d. 最小新风控制：空调季根据室内 CO_2 浓度确定室内人数，按需供应新风量，控制新风/回风阀开度比，减少在新风处理上的能耗；

e. 能源控制信息采集：采集设备的冷水阀门开启度、回风温度、风机频率，由系统实时分析数据。

（3）新风机组智能控制与节能设计

酒店客房以及公共走道都设有新风机组，运行过程采用减少负载和运行时间等节能运行手段，实施能效比优化的控制策略，在公共区设置 CO_2 浓度检测，对新风处理机进行变频控制，保证公共区的空气质量。新风机组监控原理图，如图 6-2 所示。

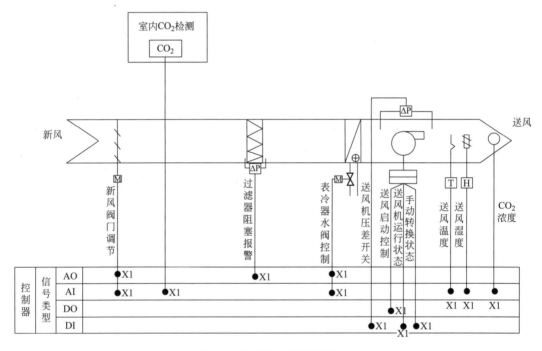

图 6-2　新风机组监控原理图

新风机组的启停优化控制、新风量控制、报警条件以及联动控制同空气处理机组。节能设计措施包括：

① 冬夏转换设计：由系统检测室外焓值结合冬夏季运行工况调整新风量，空调系统冬夏季为最小新风运行，过渡季时根据室外焓值充分利用新风；

② 最优送风温度：公共区域湿度由空调机组处理，新风机组将根据实际用途，设定相应焓值的新风送风温度；

③ 风机变频：根据系统提供受控区域的 CO_2 浓度，优化送风量；

④ 能源控制信息采集：采集设备的冷水阀门开启度、回风温度、风机频率，由系统实时分析数据。

（4）联网型风机盘管（FCU）智能控制与节能设计

末端采用风机盘管处理形式区域主要是客房，客房区采用联网客房控制器（RCU）对风机盘管进行变流量、变风速控制，控制客房温度。在工况改变时，无需人员逐个调整设备，就可以达到快速改变工况的目的，具有室内温度远程独立调节、舒适度高、噪声低、效率高、节能省时和精度高的优点。联网型风机盘管监控原理图，如图 6-3 所示；风机盘管信号走向图，如图 6-4 所示；排风机监控原理图，如图 6-5 所示。从图 6-4 看出，客房控制器包括阳台门磁传感器，当房间门开时，阳台门磁信号控制风机盘管关闭，防止室内供冷量或者供热量耗散，当房间门关闭时，阳台门磁控制风机盘管自动打开，改善室内环境。当人员不在房间时，房间的设定温度自动升高到 28℃，风机盘管低速运行，节约能耗，并有一定的除湿效果，防止客房布草在高湿环境中受潮，滋生霉菌。当客人回房时，设定温度自动回到设定状态。自动化的室内温度设定，使得客人出入房间和阳台时，不需要对风机盘管温控器频繁操作，减少了误操作和错误设定的可能性，舒适度大大提高，节能效果显著。

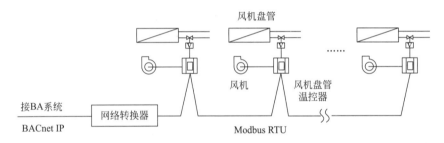

图 6-3　联网型风机盘管监控原理图

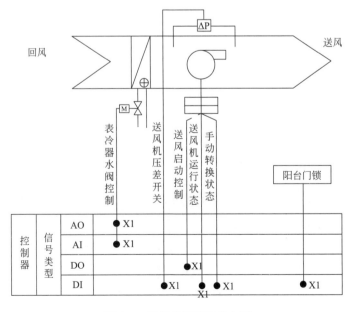

图 6-4　风机盘管信号走向图

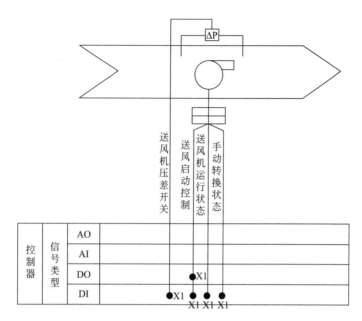

图 6-5　排风机监控原理图

6.1.3　分区水力平衡控制

为了避免空调系统在供冷或者供热时，出现冷热不均、能效过低的现象，需要对整个系统进行能量平衡控制。虽然根据中央空调已有的各种水力平衡措施，分集水器所配置的分区各楼层水平衡管已具备水力平衡条件，各末端动态平衡阀的阻力，以最不利点或最远端的末端负荷设备可以获得足够的水量。但楼层的各支路如果出现进出水温差偏离设计值时，容易造成各支路能量不平衡导致空调系统能效比无法满足要求，因此需对空调水系统进行能量平衡控制，具体措施如下：

（1）在分集水器上的 9 个分区冷水管的最不利点或最远端处设置压力传感器和温度传感器，通过末端数据采集传送器，再通过信号转换把末端的压力信号和温度信号分别转换成数字量与模拟量送到智能电控调节器。在能量平衡调节时，必须考虑最不利点或最远端的压力与温度必须满足暖通空调水温设计要求与水力平衡的压力设计要求。

（2）对各分区负荷变化较大，具备设置智能电控调节器的位置，安装温差控制阀进行能量平衡调节，以实现被控水路能满足暖通设计的运行温差，实现最佳的运行效率。

（3）智能电控调节器对阀门采用双 DO 浮点控制调节，并具有现场手动控制切换开关，以满足现场调试与日常保养的需求，同时具有液晶人机界面与通信接口，以满足现场改变设置和远程联网改变设置或共享数据。智能电控调节器还可以通过接收第三方转换发来的数字量末端压力信号参数与模拟量末端温度信号参数，参与能量平衡控制运行判断依据。

（4）配置的智能电控调节器的位置与数量，要保证满足业主方所规定的空调制冷机房系统所要实现的能效比。

本项目的能量平衡装置主要安装在空调水管处，通过智能调节控制水流量和温差，实现空调水系统的按需调节，能量平衡优化监控原理图，如图 6-6 所示。其中 A 为增加阀门执行器的阀门；B 为压力/温度一体化传感器；C 为智能电控能量控制柜。控制原理为：当压力变化时，控制阀芯动作，保持供回水压差恒定于设定值，并且系统通过对 EMEV 所采集的数据进行分析，可实时设定最优设定值。能量平衡优化装置控制功能为：

（1）具备动态平衡阀的自调节特性；

（2）可根据供回水温差控制热量平衡；

（3）可根据供回水温差设定压力平衡参数；

（4）可实现流量按需供应，节约输送环节的能耗；

（5）可实时查询瞬时温度、压力等数据，并记录历史数据；

（6）具备 Modbus 通信功能，可以远程监视也可以设置参数。

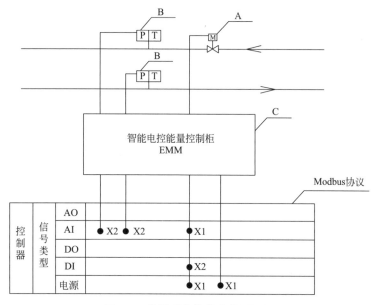

图 6-6　能量平衡优化监控原理图

6.1.4　运行效果

本项目，通过智能控制系统独立对冷源系统的群控进行管理，对冷源设备实施时序控制及冷水机组的台数控制。使用 DDC 实现整个冷源系统进行监控，同时通过数据接口实现读取机组数据，监控电脑采集的一年四季不同季节的冷源系统部分数据，如表 6-1 所示。从表 6-1 看出，机组蒸发器冷水供水温度高于常规冷水机组 7℃ 的供水温度，冷水供水温度高达 13℃，系统全年 COP 超过 4.2，节约机组能耗。

制冷机房系统控制柜内置 SIEMENS 高性能控制器、人机操作界面及能效优化的控制逻辑策略，根据空调冷源系统整体运行工况，确定空调全系统的综合能效比。本项目制冷机房系统 *COP* 高达 4.4，远高于广东省"十二五"节能减排规划能效比不低于 3.9 的指标，节能效果显著。

机组运行时的部分原始参数   表 6-1

参数	测试时间			
	春季	夏季	秋季	冬季
室外温度(℃)	23.06	32.62	29.48	18.12
室外湿度(%)	67.82	71.01	42.18	61.16
制冷量(kW)	2204.24	9895.25	4604.14	1057.18
冷水供水温度(℃)	13.79	8.92	10.74	9.78
冷水回水温度(℃)	17.38	14.21	13.68	10.30
冷却水供水温度(℃)	28.21	37.76	30.55	24.63
冷却水回水温度(℃)	26.46	32.64	27.25	22.43
系统 *COP*	4.25	4.16	4.19	4.30

本项目室内空气温度夏季 24～28℃，冬季 18～22℃，根据室外空气温度以及人员、设备等情况动态可调，随着室外空气温度的变化适当提高夏季室内空气温度，降低冬季的室内空气温度，为空调制冷系统带来显著的节能效果。

建筑设备监控系统为建筑物提供一个可靠、安全、高效的系统，既能保证对环境温度、湿度等参数的要求，又能通过对空调设备的优化控制提高管理水平，达到节约能源和人工成本的目的，并方便实现物业管理自动化。

6.2 某办公建筑制冷机房节能改造

6.2.1 项目概况

该办公楼位于上海市新天地，总楼层面积约 78000m²，冷冻机房位于 B2 层，改造前为一次泵定流量、二次泵变流量系统。系统主要设备配置见表 6-2。改造前制冷机房系统由物业管理人员手动启停各设备，冷水泵与冷却水泵以 50Hz 工频运行。

改造前制冷机房主要设备配置   表 6-2

设备名称	台数	规格	备注
离心式冷水机组	4 台	800RT,冷水 7℃/12℃,冷却水 32℃/37℃	定频
一次冷水泵	4 用 1 备	流量 480m³/h,功率 37kW,转速 1450r/min	定频
二次冷水泵	2 用 1 备	流量 960m³/h,功率 90kW,转速 1450r/min	变频
冷却水泵	4 用 1 备	流量 555m³/h,功率 45kW,转速 1480r/min	定频
冷却塔	4 台	额定排热量 4300kW,风扇电机功率 38kW(9.5kW×4)	双速

6.2.2 改造方案

1. UPPC 超高效节能控制算法

UPPC（Ultra Performing Plant Control），即超高效中央空调制冷机房节能优化控制系统，是一个普遍适用的制冷机房节能优化控制系统（包括一次水系统、二次水系统、定频冷水机组和变频冷水机组），以整个制冷机房运行效率最高（或运行能耗最低）为控制目标，以制冷机房中各设备的基本特性为基础，以实时制冷负荷为控制依据，根据既定的控制策略对制冷机房中各设备进行协调控制，制冷机房效率提升了 20%～80%。

UPPC 系统的控制原理是对制冷机房内的全部设备，包括冷水机组、冷水泵、冷却水泵和冷却塔，建立性能模型，并应用计算机联合计算求解出制冷机房的最低总能耗，然后进行控制寻优找出各设备实现机房最低能耗的运行工况，并对其进行主动式控制而非传统的被动式反馈控制。UPPC 节能控制系统能够充分利用冷水机组在部分负荷下的高效率优势（对离心式和螺杆式冷水机组其最高效率点并非在 100% 负荷时，而是在某个部分负荷工况下），根据当前系统的实时负荷需求，运行不同的台数组合，使每台冷水机组都在其最佳效率点附近运行。同时，主动控制水泵和冷却塔，使系统的综合效率趋于最佳，即制冷机房能耗最低。图 6-7 所示为 UPPC 优化控制原理示意图。

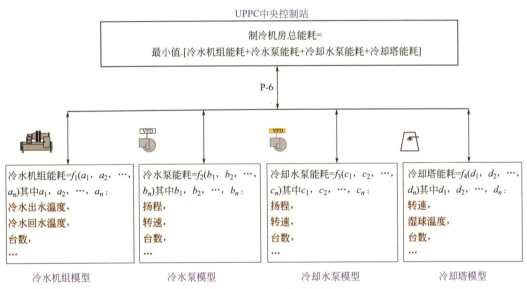

图 6-7 UPPC 控制原理图

在具体的控制策略中，首先根据制冷机房内各设备的特性建立各自的能耗数学模型，在此基础上建立整个制冷机房的能量平衡数学模型及能耗数学模型。在系统运行时，控制计算机以一定的时间间隔测量制冷负荷的实时值，并据此进行各能耗数学模型的联合求解，找出能够满足此制冷负荷的且整个制冷机房总能耗最低（即整体效率最高）的工作状态。在此基础上，控制计算机确定各受控变量的设定值，并将之传送到对应的 PLC 中，再由 PLC 控制各台设备的运行状态，使得整个制冷机房运行在效率最高的状态下。优化计算中所涉及的数学模型有：冷水机组能耗模型、冷水泵能耗模型、冷却水泵能耗模型和冷却塔性能模型。

（1）冷水机组模型及控制

冷水机组模型为：

$$P = P_{ref} \times f_1(t_{chws}, t_{cws/oat}) \times f_2(t_{chws}, t_{cws/oat}) \times f_3[f_4(Q, t_{chws}, t_{cws/oat})] \quad (6-1)$$

式中　t_{chws}——冷水供水温度，℃；

　　　$t_{cws/oat}$——冷却水进水温度，℃；

　　　　Q——冷水机组容量，kW；

　　　　P——输入功率，kW；

　　　P_{ref}——在典型蒸发和冷凝温度下的输入功率，kW。

通过冷水机组能耗模型，可以精确计算出冷水机组在各运行工况下（如：不同的冷水进出水温、冷却水进出水温、部分负荷率等）的能效 COP，从而得到各种系统工况下冷水机组的能耗。

冷水机组的台数控制和加减机策略是基于优化程序的计算结果来执行的。即在满足不同的冷负荷需求的前提下，以机房整体能效比最高为控制目标，在不同运行组合中寻优而确定冷水机组运行的台数，并进行加减机判断。

当中央计算机完成加减机判断后，即向下层 PLC 控制器发出指令；PLC 控制器向冷水机组发出加/减机的信号，并向机组蒸发器和冷凝器进水管上的电动截止阀发出开/关信号。机组将根据来自 PLC 信号进入自身的加减机自检程序。

（2）冷水泵模型及控制

冷水泵的能耗性能模型基于冷水泵根据差压信号进行变频调速：

$$W_{chwe} = f_5(Q_{chw}) f_6(Q_{chw}) \quad (6-2)$$

式中　W_{chwe}——冷水泵功率，kW；

　　　Q_{chw}——冷水流量，m³/h；

　　　　f_5——冷水泵功率函数；

　　　　f_6——冷水泵功率修正函数。

通过冷水泵能耗模型，可以精确计算出冷水泵在各运行工况下（如：不同的冷水流量、扬程和运行频率等）的能耗。

冷水泵的能耗计算公式仅考虑冷水泵根据差压信号进行变频调速，根据优化算法找到其优化后的工作点。冷水供水压差设定值根据末端需求流量重置，冷水泵根据重置后的压差设定值工作，通过优化算法计算得到所需流量，通过变频控制运行在此优化后的工作点。

当中央计算机完成当前所需冷水泵台数的寻优计算后，即向下层 PLC 控制器发出指令；PLC 控制器向冷水泵发出启/停信号。

（3）冷却水泵模型及控制

冷却水管路中未设流量调节装置，其性能模型为：

$$W_{cwe} = f_7(Q_{cw}) f_8(Q_{cw}) \quad (6-3)$$

式中　W_{cwe}——冷却水泵功率，kW；

　　　Q_{cw}——冷却水流量，m^3/h；

　　　f_7——冷却水泵功率函数；

　　　f_8——冷却水泵功率修正函数。

通过冷却水泵能耗模型，可以精确计算出冷却水泵在各运行工况下（如：不同的冷却水流量、扬程和运行频率等）的能耗。冷却水泵的台数和运行频率控制都是基于流量优化及温度控制来执行的，以机房整体能效比最高为控制目标，在不同的组合中寻优而确定冷却水泵的运行方式。当中央计算机完成当前所需冷却水泵台数的寻优计算后，即向下层 PLC 控制器发出指令；PLC 控制器向冷却水泵发出启/停信号。

（4）冷却塔模型及控制

冷却塔模型计算公式为：

$$W_{tower} = f_9(P) f_{10}(P) \tag{6-4}$$

式中　W_{tower}——冷却塔风机实际功率，kW；

　　　P——冷却塔风机额定输入功率，kW；

　　　f_9——冷却塔风机功率函数；

　　　f_{10}——冷却塔风机功率修正函数。

通过冷却塔热湿交换模型，可以精确计算出冷却塔在各工况下（如：不同的冷却水进出水温、冷却水流量、排热量、室外湿球温度等）的运行参数。

冷却塔的台数控制是基于优化程序的计算结果来执行的，即在满足不同的排热量需求的前提下，以机房整体能效比最高为控制目标，在不同运行组合中寻优而确定冷却塔运行的台数。

当中央计算机完成当前所需冷却塔台数的寻优计算后，即向下层 PLC 控制器发出指令；PLC 控制器向冷却塔风机发出启/停信号，并向冷却塔进水管上的电动截止阀发出开/关信号。

（5）冷水供水温度重置

冷水机组冷水供水设定温度的上限根据室外温度重置。当室外干球温度高于27℃时，供水温度上限为7℃；当室外干球温度低于16℃时，供水温度上限为10℃；当室外干球温度介于16℃和27℃之间时，供水温度上限介于7℃和10℃之间。冷水供水温度上限的分区间选择可以进一步为降低机房能耗提供机会，也同时确保了不同室外气候条件下的除湿要求。上位机优化程序在不同室外干球温度条件下优化选择对应区间内的冷水供水温度，所选的温度与最低的冷冻机房整体能耗相对应。

2. 方案实施

采用 UPPC 制冷机房节能控制系统并加装冷水和冷却水泵变频器，可实现除冷水机组和冷却塔外的全变频控制。UPPC 节能控制系统采用制冷机房综合优化算法，跟踪冷水机组、冷水泵、冷却水泵和冷却塔的运行曲线，对每台设备采用主动式控制和整个机房设备的集成控制，实现整个制冷机房综合能耗最低的目标。该方案包括的软硬件配置清单见表 6-3。

系统软硬件配置单 表 6-3

设备名称	单位	数量	监控点
工业控制计算机(带 15 触摸屏)	台	1	
优化计算及控制软件	套	1	
工业以太网通信软件	套	1	
设备控制子站 1 号(一次冷水泵组＋二次冷水泵组)			
PLC＋I/O 子站 1	台	1	
插入式电磁流量计	个	2	一/二次冷水流量
温度传感器 Pt1000	个	2	冷水供回水温度
压差传感器	个	1	冷水供回水管压差
三相有功功率变送器	个	5	一次冷水泵输入功率
三相有功功率变送器	个	3	二次冷水泵输入功率
一次冷水泵变频器	台	5	一次冷水泵变频控制
二次冷水泵变频器	台	3	二次冷水泵变频控制
设备控制子站 2 号(冷水机组＋冷却水泵组＋冷却塔组)			
I/O 子站 2	台	1	
冷水机组 MODBUS 模块	个	4	
室外温湿度传感器	个	1	室外空气温湿度
插入式电磁流量计	个	1	冷却水流量
温度传感器 Pt1000	个	2	冷却水供回水温度
三相有功功率变送器	个	5	冷却水泵输入功率
三相有功功率变送器	个	8	冷却塔风机输入功率
冷却水泵变频器	台	5	冷却水泵变频控制

本项目 UPPC 控制系统采用两层构架,如图 6-8 所示,上位机是 1 台作为中央控制站的工业控制计算机,负责整个控制策略的实现及整个机房运行状态的监视;下位机包含 2 个 PLC 控制子站,实际控制各相关设备的运行。控制计算机与 PLC 之间采用 TCP/IP 实现通信。

6.2.3 节能效果分析对比

根据以上的改造前后的实际运行数据,在其中选取负荷与室外条件接近的时段,对机房总体效率和能耗进行比较,同时选取总负荷接近的工作日和非工作日,对改造前后的实际运行数据进行比较,如表 6-4 和表 6-5 所示。

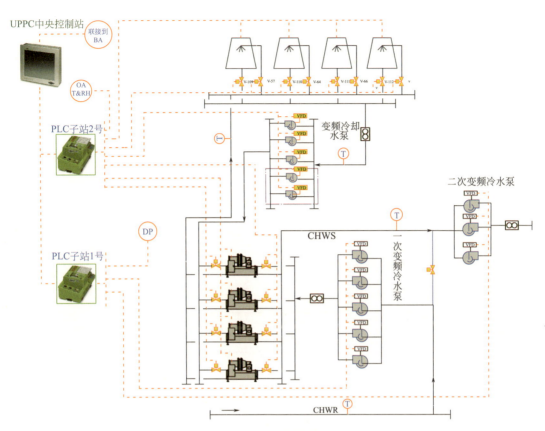

图6-8 UPPC架构图

改造前后各设备功率比较   表6-4

	时刻	负荷（kW）	干/湿球温度（℃）	冷机（kW）	冷却塔（kW）	冷却泵（kW）	一次冷水泵（kW）	二次冷水泵（kW）	总功率（kW）
改造前实测	10月31日 18:36:53	645	24.7/21.1	198.5	120.0	41.6	31.8	36.2	428.2
改造后实测	11月07日 15:03:08	652	24.9/21.8	223.6	32.0	41.1	25.6	36.7	359.0
改造前实测	10月30日 19:55:25	979	23.9/20.8	322.2	32.9	53.1	14.3	33.1	455.7
改造后实测	11月06日 20:16:54	1005	22.9/18.3	239.4	32.5	74.5	30.8	37.1	414.3
改造前实测	10月29日 20:09:35	1142	24.8/21.0	362.2	120.0	41.5	31.4	35.8	591.0
改造后实测	11月08日 20:24:56	1145	25.3/21.8	284.2	31.4	25.0	27.4	35.1	403.1

续表

	时刻	负荷 (kW)	干/湿球 温度(℃)	冷机 (kW)	冷却塔 (kW)	冷却泵 (kW)	一次冷水泵 (kW)	二次冷水泵 (kW)	总功率 (kW)
改造前 实测	10月30日 15:03:20	1412	26.5/20.8	349.1	96.0	75.5	31.3	36.5	588.5
改造后 实测	11月06日 15:16:35	1414	26.8/18.6	309.3	31.8	41.5	31.2	40.2	453.9
改造前 实测	10月29日 14:48:31	1678	27.8/20.7	414.9	120.0	41.8	31.3	36.6	644.7
改造后 实测	11月08日 20:14:54	1682	25.4/22.0	361.6	31.7	24.6	25.7	35.3	479.0
改造前 实测	10月30日 06:41:41	2032	21.5/20.0	395.8	120.0	42.2	31.5	36.3	625.9
改造后 实测	11月09日 07:27:17	2031	23.4/21.4	340.3	32.0	25.0	24.9	34.3	456.4

改造前后工作日和非工作日实测能耗比较 表 6-5

日期		冷水机组总能耗 (kWh)	冷却塔能耗 (kWh)	冷却水泵总能耗 (kWh)	一次冷水泵总能耗 (kWh)	二次冷水泵总能耗 (kWh)	冷负荷总量 (kWh)	机房总能耗 (kWh)	日平均 (kW/t)	累计耗电量 (kWh)
工作日	10月29日	5168.1	1660.0	575.3	433.6	497.7	18426.6	8334.7	1.598	8334.7
	11月9日	4380.1	215.9	524.9	236.8	404.0	16431.6	5761.7	1.212	5761.7
非工作日	11月1日	1173.5	754.7	323.8	253.3	360.5	3591.2	2865.8	2.705	2865.8
	11月8日	1219.4	175.1	131.9	138.4	410.7	4686.9	2075.5	1.529	2075.5

注：10月29日、11月1日为改造前，11月8日、11月9日为改造后。

由表6-4可知，在条件相近（冷负荷和室外条件接近）时段，采用UPPC系统之后的机房总功率均比改造前有明显降低，这说明改造的节能效果非常明显。由表6-5可知，冷负荷总量接近的工作日改造之后机房总能耗下降30.9%，省电2573kWh，日平均机房整体效率提升约24.2%；所选取的两个非工作日之改造前后对比，机房总能耗下降27.6%，省电790.3kWh，机房整体效率提升77%，节能效果非常显著。

6.3 某综合体建筑制冷机房运行能效分析

根据相关调研显示，国内大部分制冷机房能效EER比小于3.5，有很大的提升空间。采用数据分析方法可以挖掘出系统隐藏的问题，这些问题虽然不至于导致系统故障停机，但会造成巨大的能源浪费，本小节从系统和设备两个层面对某项目2015—2020年运行数据进行分析，发现低效原因并提出改进方案。

6.3.1 项目概况

该建筑是位于北京的一个商业综合体，包含四个业态，包括 A 座酒店（96017m²）、B 座办公（71936m²）、C 座办公（72144m²）、D 座商业裙楼（包括商场和餐饮，11792m²）。该项目的冷源侧系统图如图 6-9 所示，冷源采用 8 台离心式冷水机组（均为 4293kW，其中 2 台已经损坏停止工作），冷水系统为二次泵变流量系统，冷水一次泵与冷水机组一一对应，再通过二次泵将冷水送至各个楼宇，每栋楼设置 3 台二次泵。冷水机组和冷水泵参数如表 6-6、表 6-7 所示。冷却水环路为定流量系统，8 台冷却水泵与冷水机组一一对应，冷却塔有 9 台。板式换热器在冬季和过渡季使用，不在本文分析范围内。

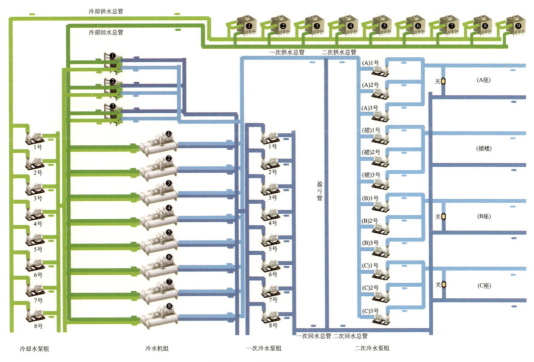

图 6-9 冷源侧系统图

冷水机组参数表 表 6-6

序号	类型	名称	额定电功率(kW)	额定制冷量(kW)
1	离心式冷水机组	1 号冷水机组	782	4219
2	离心式冷水机组	2 号冷水机组	782	4219
3	离心式冷水机组	3 号冷水机组	782	4219
4	离心式冷水机组	4 号冷水机组	782	4219
5	离心式冷水机组	5 号冷水机组	782	4219
6	离心式冷水机组	6 号冷水机组	782	4219
7	离心式冷水机组	7 号冷水机组	782	4219
8	离心式冷水机组	8 号冷水机组	782	4219

冷水泵名称	额定电功率(kW)	额定流量(m³/h)	额定扬程(m)	是否安装有变频器
1号一次泵	55	799.2	22	无变频
2号一次泵	55	799.2	22	无变频
3号一次泵	55	799.2	22	无变频
4号一次泵	55	799.2	22	无变频
5号一次泵	55	799.2	22	无变频
6号一次泵	55	799.2	22	无变频
7号一次泵	55	799.2	22	无变频
8号一次泵	55	799.2	22	无变频
A楼1号二次泵	75	500.4	40	有变频
A楼2号二次泵	75	500.4	40	有变频
A楼3号二次泵	75	500.4	40	有变频
B楼1号二次泵	110	727.2	40	有变频
B楼2号二次泵	110	727.2	40	有变频
B楼3号二次泵	110	727.2	40	有变频
C楼1号二次泵	110	727.2	40	有变频
C楼2号二次泵	110	727.2	40	有变频
C楼3号二次泵	110	727.2	40	有变频
D楼1号二次泵	110	759.6	40	有变频
D楼2号二次泵	110	759.6	40	有变频
D楼3号二次泵	110	759.6	40	有变频

冷水泵参数表 表6-7

制冷机房主要由冷水机组、水泵、冷却塔等供能及输配设备组成，根据制冷机房各部分设备及环路的职责及特征，本小节将整个制冷机房拆分为四个部分分别进行分析，分别为冷水机组、冷水环路和冷却水环路。

6.3.2 冷水环路运行分析

1. 冷水支管

图6-10是四栋楼的冷水流量-冷量关系图，图中斜线为供回水温差为5℃的分界线，处于斜线以上说明供回水温差大于5℃，反之则小于5℃。从图6-10中可以看出除了C楼外，其他楼宇的大部分运行状态点均位于斜线下方。特别是A楼，A楼是五星级酒店，要求室内温度保持在较低的状态，因此供回水温差小，数据分布图与实际运行情况反馈一致，运行状态点整体落在斜线下方。

另外，冷水流量-冷量关系图也能反应末端变流量调节效果。末端调节效果良好的运行状态数据应紧密散落在对角线附近；若运行散点数据十分分散，则说明末端并未根据负荷变化对冷水量进行调节。从图6-10可以看出，四栋楼的末端阀门调节并不理想，特别是B楼，运行数据点呈竖状分布，大多数数据点集中在流量为300m³/h、400m³/h、500m³/h附近，说明流量没有实现连续调节。根据现场的反馈，水泵台数和频率调节由操作人员手动操作，解释了数据点的间断分布特征。

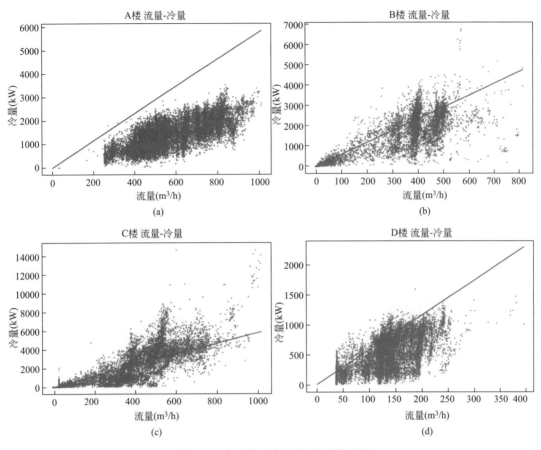

图 6-10　各业态冷水流量-冷量关系图

图 6-11 是四栋楼的冷水供水温度-供回水温差关系图，可以很明显看出随着冷水供水温度的升高，供回水温差减小。冷水出水温度重设是常用的节能控制策略，一般在过渡季冷负荷较小时将出水温度提高至 10℃ 左右。但是出水温度提高会导致末端换热效果变差，减小供回水温差，从而导致冷水泵能耗增加。因此过渡季是否需要提高供水温度、提高到多少度是需要仔细考量的。据相关调研文献，香港很多制冷机房运行良好的楼宇，冷水机组控制的基本策略是稳定供水温度，对于一次水系统而言，冷水机组的设定出水温度一般全年均为 7℃（冬季冷水机组受最小容量限制不能开机，可能会人为下调冷机设定出水温度，以保证正常开机）；对于二次水系统而言，常常是为了恒定末端的供水温度而自动调节冷水机组的出水温度，这种调节范围一般都低于 7℃。

图 6-12 展示了四栋楼的二次侧冷水流量与各自冷水环路压降及阻力系数的关系。从图 6-12（b）中可以看出，管路阻力系数没有随着流量的增大而减小，特别是 B 楼，流量增大时，阻力系数也随之增大（即末端阀门开度减小），说明二次泵流量不是按需供给，供给量显著大于末端需求，需要调小阀门开度避免末端过冷。另外，D 楼冷水管路的阻力系数相较于其他三栋楼高出一个数量级，结合表 6-7 中 D 楼的面积体量及其对应二次泵的扬程，可以推测出，D 楼管路阻力系数明显偏大的原因是水泵扬程过大。

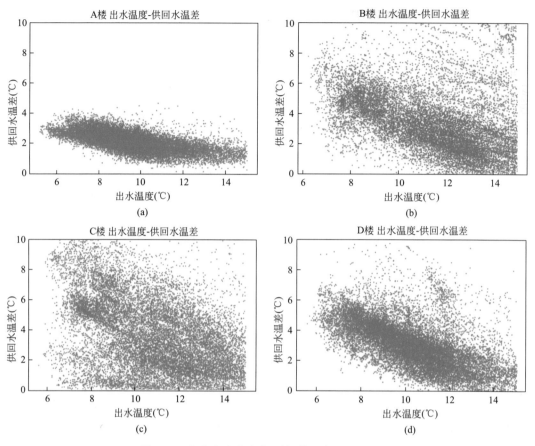

图 6-11　各业态冷水出水温度-供回水温差关系图

综上所述，本项目的设备选型和运行调节均存在问题，设计先天不足加上后期运维不当，造成该项目冷水环路供回水温差偏小，流量偏大，有明显的"小温差大流量"特征。需要强调的是，末端阀门调节效果对水系统运行起至关重要的作用，却常常被忽略。如果系统末端阀门未按需调节，那么水泵即使采用变频控制，其实施效果也会大打折扣，这也是国内很多建筑面临的问题。

2. 冷水主管

对于二次泵系统，供回水温差小通常伴随着盈亏管逆向混水（即二次侧冷水通过旁通管回流到二次侧供水管路上）的现象发生。如图 6-13 所示，通过分析对比一、二次侧的冷水流量，该建筑有不少时间二次侧冷水流量大于一次侧流量，因此判断该项目存在较严重的盈亏管逆向混水现象，进而导致了二次侧冷水供水温度偏高，供回水温差偏小，二次泵流量大。而二次泵流量的增大也会加剧盈亏管逆向混水现象，两者互为因果，形成恶性循环。

从图 6-14 可以看出，当出水温度升高时，逆向混水现象加剧。这个现象不难解释，根据上一小节分析，当出水温度升高时，末端换热温差减小，冷水流量增加，更容易发生逆向混水现象。

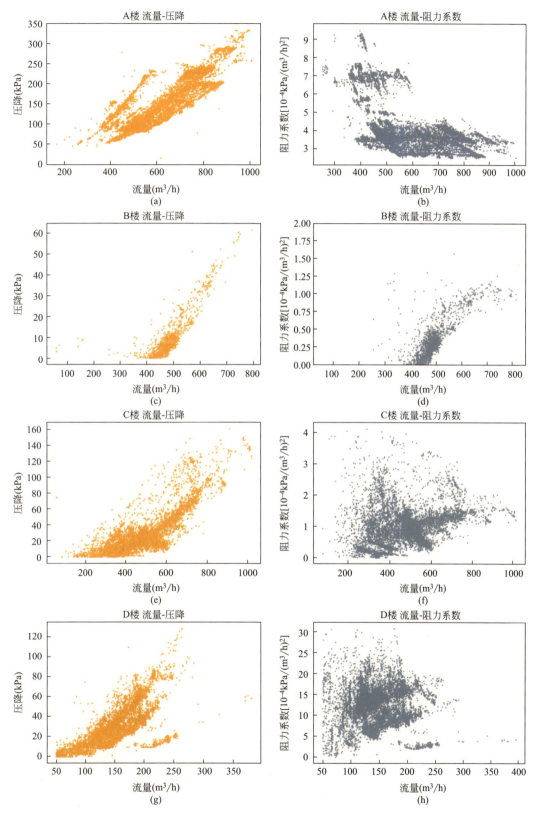

图 6-12　各业态流量-压降-阻力系数关系图

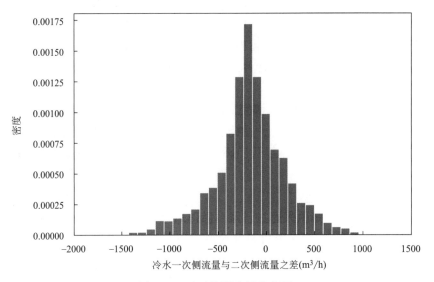

图 6-13　盈亏管混水量分布图

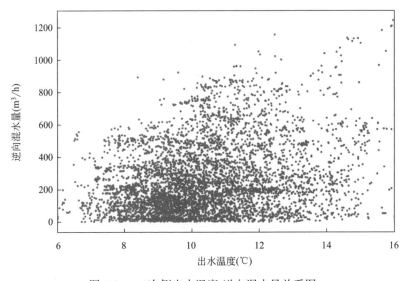

图 6-14　二次侧出水温度-逆向混水量关系图

图 6-15 展示了部分负荷率与盈亏管逆向混水量的关系，从图中可以看出，当部分负荷率较大时，发生逆向混水的概率更大。因为部分负荷率较高的时候，此时二次侧温差可降低的潜力小。理论上当部分负荷率等于 1 时，二次侧负荷需求等于冷水机组可供冷量，此时二次侧供回水温差需要达到设计值 5℃才能不出现混水，当部分负荷小于 1 时，因为一次泵时定频运行，二次侧供回水温差可以小于 5℃，且部分负荷率越小，二次侧供回水温差可降低的幅度越大。由于本项目冷水供回水温差偏小，所以在部分负荷率大时，很容易发生逆向混水现象。

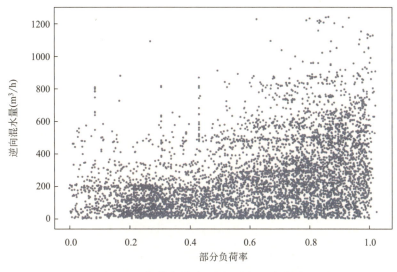

图 6-15　部分负荷率-逆向混水量关系图

6.3.3　冷水机组能效分析

1. 冷水机组效率拆解分析

评价冷水机组能效最重要的指标是性能系数 COP，本项目冷水机组的额定 COP 均为 5.4。图 6-16 展示了 6 台正常运行冷水机组的 COP 分布，其中 4 号冷水机组的平均 COP 明显小于另外 5 台。图 6-17 展示了 4 号冷水机组 COP 随运行时间的变化，不难发现 4 号冷水机组在某一时间段 COP 小于其他时间段。冷水机组 COP 受多个因素影响，主要包括冷水机组内部压缩机工作效率及蒸发器和冷凝器的换热效率两大类，为了找到 4 号冷水机组性能下降的原因，将这两方面因素分开考虑分析。其中冷水机组内部压缩机工作效率可表示为冷水机组实际 COP 与理想 COP 的比值，称为冷水机组内部热

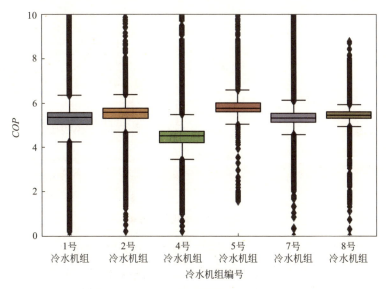

图 6-16　各台冷水机组逐时 COP 分布

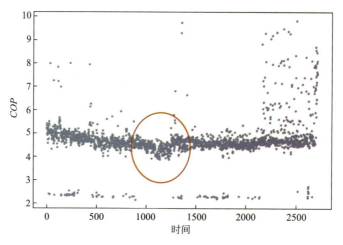

图 6-17　4 号冷水机组 COP 随时间变化

力完善度 φ，计算公式如下：

$$C_{\mathrm{env}} = \frac{冷凝温度}{冷凝温度 - 蒸发温度} \tag{6-5}$$

$$\varphi = \frac{COP}{C_{\mathrm{env}}} \tag{6-6}$$

冷水机组内部热力完善度主要受负荷率和压缩比影响，图 6-18（a）展示了其与部分负荷率的影响，两者几乎呈线性关系，部分负荷率越高，冷水机组内部热力完善度越高，因此对于本项目所用冷水机组，应尽量使冷水机组处于高部分负荷率下运行。图 6-18（a）中包含了 4 号冷水机组在 2015 年和 2019 年的部分负荷率与热力完善度关系对比图，可以发现 2019 年热力完善度较 2015 年降低了。

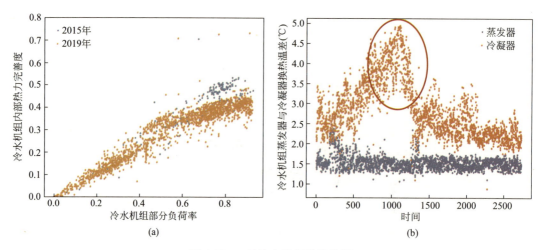

(a)　　　　　　　　　　　　　　　　(b)

图 6-18　4 号冷水机组性能分析

蒸发器和冷凝器的换热效率可通过蒸发器和冷凝器的换热温差表示，如图 6-18（b）所示，4 号冷水机组蒸发器换热温差保持在 1.5℃ 左右，换热效果良好。但是冷凝器换热温差较大，且从该台冷水机组投入运行时冷凝器温差逐渐增大，冷水机组 COP 逐渐减小，当温差增大到最大值时，冷水机组 COP 也减小至最低值。当冷凝器换热效率改善后，冷水机组 COP 有所增大，综合上述两个因素，可以推测出冷水机组能效恶化主要与冷凝器换热效率降低有关。对于采用开式冷却塔的系统，冷却水易混入杂质，造成冷凝器堵塞或结垢，降低换热效率，因此应定期对冷凝器进行检查和清洗。

2. 冷水机组配置与部分负荷率运行分析

通过上述分析，部分负荷率（PLR）是影响冷水机组能效的重要因素之一，为了更进一步发现冷水机组处于低效的原因，图 6-19 展示了当前运行冷水机组的额定制冷量（阴影区）与末端实际负荷需求（实线）的对比，两者相除即为 PLR。不难发现，该项目冷水机组处于低负荷运行状态主要是由两方面造成的：①机组配置不合理；②台数控制不合理。该项目有超过一半的时间只需开启一台冷水机组，图中虚线框所指部分的 PLR 过小，导致冷水机组 COP 偏小。其中 A 框所指区域的小 PLR 是由于冷水机组配置不合理造成的，该项目设计时冷负荷估算过大，且没有进行大、小冷水机组搭配，导致运行时缺乏灵活性，使得冷水机组处于低部分负荷状态运行。而 B、C 两框所指区域的 PLR 小是由于负荷预测不准导致冷水机组开启台数过多导致的。

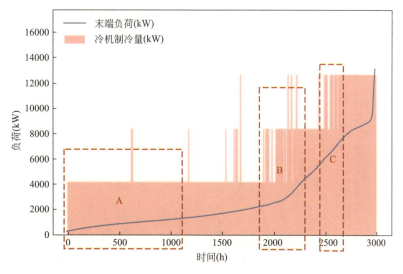

图 6-19　末端负荷与开启冷机可制冷量对比

6.3.4　冷却水环路分析

衡量冷却塔冷却能力的一个重要指标是冷幅（即冷却水供水与湿球温度之差），如图 6-20 所示，该项目冷却塔冷幅过渡季较高，不利于冷水机组的性能提升，因为冷却塔相较于冷水机组的能耗较低，因此建议降低冷却水出水温度。另外，图 6-21 中 2015 年和 2019 年两年的冷却塔冷幅对比可以发现，冷却塔散热能力存在比较明显的劣化现象。该项目 2019 年末时更换冷却塔填料，因此 2020 年数据显示冷却塔的冷却能力有所提升。

另外，从图 6-22 可以看出当风机开启 6～13 台时，每年的数据都显示此时散热能力较开启较少风机时反而下降了（处理水量未增加），那么开启 6～13 台冷却塔风机本该可以满足的负荷则需要开启更多台风机才能达到要求，开启 6～13 台冷却塔风机时长明显偏低，冷却塔总能耗偏高，推测原因可能是由于冷却塔管路不平衡造成的。

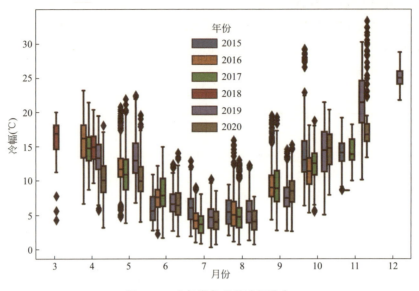

图 6-20　冷却塔各月份冷幅分布

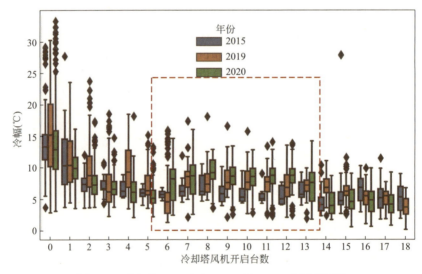

图 6-21　冷却塔 2015 年与 2019 年、2020 年冷幅对比

6.3.5　结论

根据运行数据分析，该项目主要存在以下问题：

（1）冷水机组容量过大，制冷机房有 8 台冷水机组，但最多只开启了 4 台冷水机组，容量配置过大。且各台冷水机组容量配置不合理，有大于一半的时间仅需开启一台冷水机组，且很多时候部分负荷率低。

（2）冷水机组启停控制（台数控制）不合理，由于对负荷预测的不准导致冷水机组多开，部分负荷率低，使得冷水机组处于低效率状态运行。

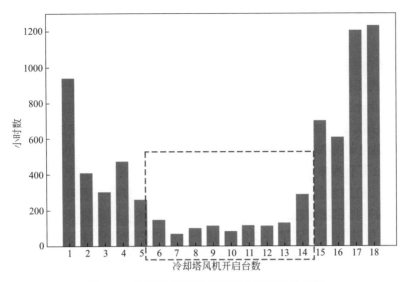

图 6-22 不同冷却塔风机开启台数对应的时长

（3）由于冷水机组的配置过于疏松，不能形成间隙小的阶梯供能组合，使得出现供能不足的现象，是出现逆向混水的起因之一。

（4）D楼二次冷水泵扬程过大，导致末端阀门无法增大开度，管路阻力增加。

（5）二次侧供回水温差小，导致需要的水流量大于一次侧流量，出现逆向混水现象，从而又进一步降低供回水温差。导致二次侧供回水温差小的原因，一是酒店对回水温度有较高要求；二是二次冷水泵变频控制不当，流量供给大于实际需求；三是过渡季供水温度较高，末端换热能力下降，供回水温差较小，特别是在部分负荷率较高的时候，此时二次侧温差可降低的潜力小（理论上当满负荷运行时，二次侧负荷等于冷水机组可供冷量，此时二次侧供回水温差需要达到设计值5℃才能不出现混水，当部分负荷率小于1时，因为一次泵为定频运行，二次侧供回水温差可以小于5℃，且部分负荷率越小，二次侧供回水温差可降低的幅度越大）。

（6）冷却塔管路水力不平衡，当冷却塔风机开启台数为6～13台时，冷幅反而比开启台数较少时更大，导致需要开启更多的冷却塔。

6.3.6 改进方案

1. 冷水环路一、二次侧联动控制

本项目二次侧的流量主要是操作人员根据末端回水温度手动控制的，因此很容易造成二次侧流量过大，甚至大于一次侧流量，从而导致盈亏管逆向回水的发生。为了减轻盈亏管逆向混水程度，应优先考虑改进二次泵变频控制策略，加大二次侧冷水供回水温差，适当降低冷水供水温度，并将二次侧流量控制和冷水机组供水温度和台数控制进行联动，改进方案如下：

（1）定期检查末端阀门运行情况，保证末端阀门能正常通断或连续调节。

（2）一次泵保持工频运行，开启台数与冷机开启台数对应。

（3）根据二次侧供回水温差稳定来控制二次泵台数和频率，为了保证小负荷时最不利末端的供冷需求，同时设置最小压差来限制水泵的最低频率。

（4）当二次侧负荷增大，回水温度升高，二次泵增频，二次侧供水温度超过一次供水温度1℃且持续时间超过15min，降低冷水机组出水温度，若出水温度已降至限值时，增开一台冷水机组。

（5）二次侧负荷减小，回水温度降低，二次泵降频，当二次侧供水温度不超过一次供水温度，旁通管水流量大于100m³/h，且持续时间超过15min，提高冷水机组出水温度。当二次侧供水温度不超过一次供水温度，旁通管水流量大于750m³/h，且持续时间超过15min，当关闭一台冷水机组。

2. 设备配置

目前冷水机组配置不合理，单台机组容量太大，控制不灵活，建议增加一台冷量为2000kW左右小容量冷水机组。增加小冷水机组后部分负荷率控制可得到明显改善，如图6-23所示，冷水机组的供冷量组合将更贴近需求负荷曲线。另外可考虑更换D楼水

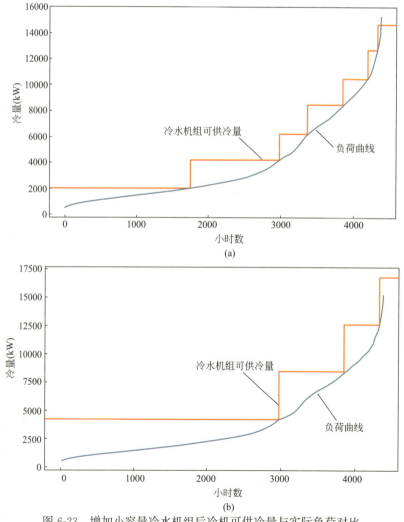

图6-23 增加小容量冷水机组后冷机可供冷量与实际负荷对比
（a）优化配置方案；（b）原方案

泵，重新计算管道阻力，选用扬程合适的水泵。

3. 冷却塔水力平衡

当风机开启 6～13 台时，每年的数据都显示此时冷却能力较开启较少风机时反而下降了，那么开启 6～13 台冷却塔风机本该可以满足的负荷则需要开启更多台风机才能达到要求，开启 6～13 台冷却塔风机时长明显偏低，冷却塔总能耗偏高，推测原因可能是由于冷却塔管路不平衡造成的。建议检查冷却塔供水管路的阀门，重新调整水力平衡。

6.4　巡检机器人故障识别

本节介绍使用巡检机器人在制冷机房的应用实例。

6.4.1　背景

传统制冷机房运维流程中，定期巡检工作占据运维人员大量的时间，需要运维人员根据值班安排和巡检要求定期对各个设备进行巡检。主要是运行数据记录、状态检查和异常反馈，该流程具有高重复性和连续性，且需要运维人员的运维基础和判断能力差距较小，以避免误操作和异常未及时反馈。

当前巡检机器人技术已达到了可工程应用水平，在变电站、数据机房等工业场景下均有应用，疫情期间也出现了室内自动消杀机器人的新产品。将巡检机器人应用于制冷机房的日常巡检具有可行性，可以有效缩减运维人员的巡检时间，从而降低建筑运维用人成本，并且巡检机器人具有重复稳定性，能实现全天候设备巡检；根据巡检需求搭载相应传感器，可以实现自动数据记录，数据分析以及异常上报，将数据记录与 BA 数据同步在一起，提高数据的可用性，为运维人员决策提供有效数据支持。

本项目所选择的机房为上海某高端住宅小区的制冷机房。该制冷机房包括天棚热泵系统、新风热泵系统、新风冷水系统，此外，小区的生活热水供应系统也位于该制冷机房，其系统涉及的关键设备如表 6-8 所示。

目标制冷机房关键设备

表 6-8

系统	设备	数量
天棚热泵系统	螺杆式地源热泵主机	2
	地源水循环泵	2
	天棚循环泵	2
新风热泵系统	螺杆式地源热泵主机	2
	地源水循环泵	2
	新风循环泵	2
新风冷水系统	螺杆式冷水机组	2
	新风冷水循环泵	2
	冷却水循环泵	3

该小区夏季采用天棚供冷＋新风的形式进行室内热湿环境调节，通过室内天棚吊顶

辐射供冷以及新风调节相对湿度，相比住宅建筑常见的中央空调系统，能实现更高的冷水供水温度设定，减少冷量损耗，并且避免了空调箱的大量使用，还实现了热湿分离。通过地源热泵系统夏季辅助制冷和冬季供热，也节省了单位住宅面积空调能耗。

本项目所涉及的巡检机器人在目标机房完成了自动巡检部署、数据采集、故障诊断等功能，并聚焦于目标机房的关键设备。

6.4.2　巡检机器人应用

本项目所制作的巡检机器人如图6-24所示，其集成的设备包括主摄像头、SLAM激光雷达、辅助摄像头、自动充电口、防撞条等，其具体的功能如图6-25所示。该巡检机器人所配置的自动充电桩支持其及逆行自主充电，长期执行巡检任务；其配备的多个摄像头云台，能够采集关键设备的图像数据和视频数据，同时该机器人有较高的可扩展性，加装相应的传感器后可以实现更多的功能，如温湿度场检测、噪声测量、室内污染物浓度监测等功能。

该巡检机器人具有对周边环境进行扫描建图的功能，方便配置巡检任务，主要包括：控制机器人对任务场地进行扫描，可以实现地图的实时构建；使用机器人任务管理软件对

图 6-24　巡检机器人外观图

地图数据进行检查；可以在任务管理软件上通过拖拽式操作，实现任务点的设置、区域划分、任务链构建等。同时，巡检机器人可以本地存储数据，因此在执行巡逻任务时无需网络环境，这种能力适用于制冷机房等网络信号不佳的巡逻场景。图6-26展示了巡检机器人通过扫描构建的地图及地图上的任务点设置和路径规划。图6-27展示了控制该巡检机器人的界面，当机器人联网时，用户可通过该界面远程查看机器人所处位置及状态，以及当前摄像头拍摄得到的图像。

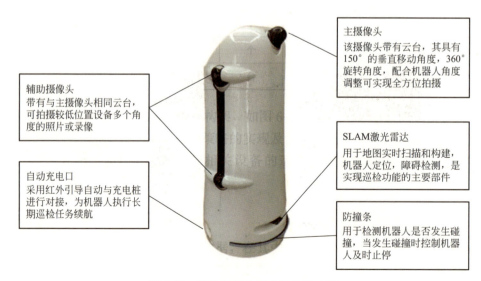

辅助摄像头
带有与主摄像头相同云台，可拍摄较低位置设备多个角度的照片或录像

自动充电口
采用红外引导自动与充电桩进行对接，为机器人执行长期巡检任务续航

主摄像头
该摄像头带有云台，其具有150°的垂直移动角度，360°旋转角度，配合机器人角度调整可实现全方位拍摄

SLAM激光雷达
用于地图实时扫描和构建，机器人定位，障碍检测，是实现巡检功能的主要部件

防撞条
用于检测机器人是否发生碰撞，当发生碰撞时控制机器人及时止停

图 6-25　巡检机器人集成设备及功能

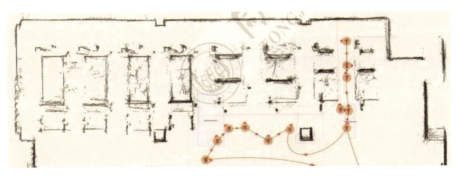

图 6-26 巡检机器人扫描构建的地图

图 6-27 巡检机器人界面

该巡检机器人当前可获取机房设备的可靠数据，结合故障诊断算法可实现制冷机房管道保温层脱落、漏水，水泵过热、异常噪声等故障检测，具体实现的功能有：

（1）管道：保温层脱落监测，漏水情况监测；

（2）水泵：目标检测，过热监测，噪声监测，振动监测，具体故障诊断；

（3）仪表盘：压力表读数，状态灯识别等。

图 6-28 展示了水泵目标检测及红外热成像的结果。

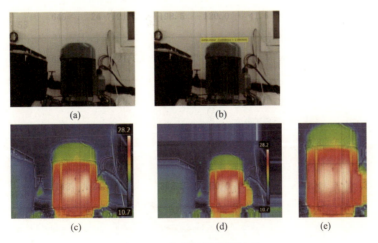

图 6-28 水泵目标检测结果

第 7 章　总结与展望

7.1　总结

高效机房可以说是近年来中央空调市场领域的第一大热门词，在整个建筑行业都向"高效化"发展的背景下，高效机房更是被赋予了浓重的色彩和期望。

国内传统的空调系统一般是由设计单位根据建筑功能和使用模式计算出系统的容量，着重于满足最不利情况的高峰容量和在最低谷时能启动冷水机组作为机组选型的主要考虑因素，不太重视实际运行时间占比较高的部分负荷容量，最终"大马拉小车"成为常态。而主要设备通常由开发单位的采购部执行，也经常缺乏技术沟通，设备没完全达到设计单位提出的技术参数要求。再由安装单位在现场安装，供货商在调试时到现场指导配合启动设备。最后交付运营人员进行日常的操作运行。整个过程缺乏连贯性的技术沟通和交圈，每个阶段或多或少偏离最初的设计意图。

高效机房是一个从方案设计、设备选型、施工调试到运行维护，贯通系统的全生命周期的专业工作成果，是多个子系统、多个参数耦合的复杂系统，其运行能效水平与系统设计适配、设备全工况能效曲线、输配系统阻力、系统控制策略施工调试质量及运维团队专业度等关系密切，对整体专业性要求很高。

本书首先从高效机房的定义出发，比较了国内外现行的几种高效机房的评价标准，并通过对设计建造原则和方法的阐述，理清了设备选型及控制系统设计所采取的方法和关键控制点。其次，对于既有机房的改造，给出了改造前期调研的流程，明确了能效监测与仪表的要求，介绍了运行数据的分析方法，指出了常见问题和常用的改造建议，并重点对控制系统的优化改造给出了详细的指导。再次，针对高效机房的调试和运维，分别详述了设备的单机调试和群控系统调试的流程、人工智能在优化控制和故障诊断过程中的应用，并探讨了目前技术下，巡检机器人部分替代运维人员的场景以及可实施性。最后，通过对酒店、办公和商业综合体等几个典型高效机房实施案例的介绍，给出了实践上述方法和流程所能带来的节能收益。

由于笔者学识有限，加之时间仓促，文中不足之处恳请广大读者批评指正！

7.2　展望

在碳达峰、碳中和背景下，高效机房已经成为未来中央空调系统的发展方向。随着越来越多优秀的单位加入该领域，系统的节能潜力必将得到更好的开发。对于未来，系统的需求在变、技术的发展在变、市场的导向在变，我们必须应变和迭代创新。为此，笔者特对以下三个方向展开探讨，希望抛砖引玉，启发大家的思考和创新。

7.2.1　高效机房 VS 高效中央空调系统

国内高效机房技术发展虽尚处于初步阶段，但通过精准集成各类系统节能技术，使制冷机房能效达到 5.0 及以上是可行，并在不少案例中成功实施。

中央空调系统可以划分为两个子系统：制冷/热源系统和空调末端系统。前者向后者提供有"质"有"量"的冷/热，后者向前者规定了冷/热"质"和"量"的边界。只有这两个子系统协同高效，才能实现中央空调系统的高效。前者中一些设备的设计或运行，会影响后者的能效和经济收益。例如：

（1）前者提供较高的冷水温度可以改善冷水机组的运行工况（冷水供水温度每提高 1℃，冷水机组效率提高 2%~4%），从而提升机房能效。但较高的供水温度会使空调末端的换热和除湿能力急剧下降，尤其是在高负荷天气。为了不影响室内的舒适性，可能需要设计更大的空调末端风量，从而导致后者的能耗上升；

（2）前者按较大的冷水供回水温差（例如：8℃）或较低的压差（例如：50kPa）设计或运行，会使冷水泵大多数情况运行在小流量（低频）下，水泵的功率较小。同时由于流量小，冷水机组的制冷量也小，冷却水温升也小，冷却泵也可以低频运行（冷却泵功率也降低），从而使整个机房的能耗降低，效率提升。但此举牺牲了冷水冷量品质，很可能会影响空调末端的供冷除湿能力，使得空调末端不得不增加换热盘管的数量或面积，从而导致初投资成本的增加。

换而言之，机房能耗与空调末端系统的能耗是紧密相关的，不能为了追求极致的机房效率而导致空调末端能耗大或初投资的大幅增加。机房供冷品质是指冷水供水流量和温度，目的是满足空调末端的换热除湿需求。因此满足室内热舒适度和整个中央空调系统的经济合理性，是实现高效机房必备的前提条件。

7.2.2　白箱、黑箱和灰箱

高效机房中先进的优化控制和故障诊断的前沿研究，大多是基于对机房设备和系统进行抽象建模和参数识别，再配以智能优化算法的迭代计算，从而获取优化控制策略和故障诊断结果。其中建模的方法大致可分为三种：

白箱模型，通过对系统物理过程进行准确描述的数学模型，例如，基于蒸气压缩制冷循环的热物理原理，建立冷水机组模型，因为物理原理的明确性，可以对系统进行仿真，对测量参数的状态值进行预测。

黑箱模型，不基于也不反映系统物理原理的模型，其建模依据是大量系统参数的历史数据。由于空调系统各参数之间存在相关性，因此可以通过对输入输出的正常历史数据进行分析和训练，提取特征参数来体现原参数间的相关性，利用已经训练好的黑箱模型对待诊断数据进行分析，基于特征参数构造残差。

灰箱模型（自适应模型），是基于一部分物理原理、规则和一部分历史数据建立的系统模型，通过在线参数自识别的技术更新模型中的相关参数，这类模型具有简单的物理特性，可以在一定程度上反映物理对象的特点，同时利用自适应技术，通过一定量的在线学习和参数识别，对模型参数进行自动校正。

机房运行中有许多不确定因素、个性化因素。白箱模型的建模难度大，需要的测量量多，普适性有限，工程广泛落地较困难。黑箱模型不依赖于物理方程，模型建立简单，但过分依赖数据的"质"和"量"，且外插能力较弱。例如，当某台冷水机组常年运行在低负荷工况，通过黑箱建模的方法，很难得到其全工况的性能曲线。因而基于此黑箱模型来优化制冷机房的控制策略，就无法实现全局最优的效果。灰箱模型，相对而言，将人工智能算法与专家知识相结合，各有所长，在保障数据分析背后科学性的同时，具有良好的工程适用性，能较好地响应机房中的各种变化情况。当然，在实际工程应用中，白箱、黑箱和灰箱模型不是非此即彼的关系，根据问题对象的不同和应用场景的条件限制，三者都有其独自或者联合发挥作用的地方。

经过多年来的发展，基于模型的优化控制和故障诊断已经从一个技术概念向制冷机房运行维护的各个方面渗透和落地。随着信息化技术和人工智能算法的日臻成熟，可切实提升机房运维的能力。

7.2.3 高效 VS 低碳

随着国家政策导向从"能耗双控"向"碳排双控"转变，相信在不久的将来，制冷机房的"低碳"将被提上日程。而"高效"与"低碳"的关系需要辩证来看，两者既有高度统一的一面，又在一些情况下存在一定差异。

从两者的目标上看，"低碳"机房是寻求机房全生命周期中通过有效措施降低其碳排放，相关的关键环节包括：机房设备和材料的生产和运输、机房的建造、机房的运行和机房的拆除。而"高效"追求的目标是通过全生命周期中采取有效措施来降低机房运行阶段的能耗。从以实际效果为导向的理念出发，尽管与机房"高效"相比，"低碳"机房相关的工作还未开展起来，但是可以借鉴"高效"机房的发展经验，以注重实际效果、实际碳排放量作为衡量其最终效果的标尺。

从两者贯穿的阶段来看，"低碳"和"高效"均在机房的整个生命周期中需要关注。在设计过程中，均应关注选取适配的"低碳""高效"技术，不可简单地进行技术拼凑和堆砌，而是注重真正能够实现建成后的"低碳""高效"运行效果。在运行阶段，关注合理的运行调节方法来充分发挥机房侧和末端侧的协同运行，使得中央空调系统运行在合适的状态，实现全系统的"低碳""高效"运行。

从两者的用能结构来看，"高效"仅以机房的总能源消耗量为评判依据，而"低碳"则进一步考虑能源结构形式、用能需求与能源供给之间的关系，例如，机房用能和外部电力供应在时间尺度上的匹配问题。举例来说，从"高效"角度出发，冰蓄冷/水蓄冷等技术并没有实现能耗降低，反而往往导致机房运行能耗增加，节费不节能；但从低碳的目标出发，若蓄冷用的电力来自建筑光伏或风力发电，既能实时消纳多余的零碳电力，又能够有效实现建筑用能负荷的削峰填谷，是实现"低碳"用能可考虑的重要措施。

因而，在"双碳"目标驱动下，机房的"高效"和"低碳"可实现有机的统一，"高效"是实现"低碳"目标的重要基础，"低碳"是对机房"高效"提出的新的更高的要求。

参考文献

［1］中华人民共和国国家发展和改革委员会．绿色高效制冷行动方案［EB/OL］．https：//www．ndrc．gov．cn/xxgk/zcfb/tz/201906/t20190614＿962461．html．2019-6-14．

［2］姬安．集成式高效空调制冷系统在地铁车站的应用研究［J］．工程建设与设计，2020（15）：52-54．

［3］林满阳，黄俊．某生物制药制冷机房的高效机房改造实践［J］．化工管理，2021（8）：188-190．

［4］袁明月，李征涛，吴会来，等．制冷机房群控系统的高效节能控制［J］．低温与超导，2012，40（12）：68-71，28．

［5］潘军刚，麻玉旗．Metasys群控系统在制冷机房中的应用［J］．建筑节能，2015，43（10）：97-100，114．

［6］本刊编辑部．解密高效机房系统［J］．机电信息，2020（28）：18-28．

［7］梁军，李承泳．北京某写字楼项目暖通空调高效制冷机房设计［J］．建筑热能通风空调，2017，36（09）：103-105，61．

［8］本刊编辑部．"低碳高效、智慧创新"江苏高效机房产业再起航［J］．机电信息，2021（16）：18-26．

［9］国家市场监督管理总局．屋顶式空气调节机组：GB/T 20738—2018［S］．北京：中国标准出版社，2018．

［10］国家质量监督检验检疫总局．多联式空调（热泵）机组：GB/T 18837—2015［S］．北京：中国标准出版社，2015．

［11］中国工程建设标准化协会．高效制冷机房系统应用技术规程（征求意见稿）［EB/OL］．http：//www．cecs．org．cn/xhbz/zqyj/12021．html．2021-6-16．

［12］龚红卫，管超，王中原，等．国标中的COP与EER［J］．建筑节能，2013（11）：70-72．

［13］广东省住房和城乡建设厅．集中空调制冷机房系统能效监测及评价标准：DBJ/T 15-129—2017［S］．北京：中国建筑工业出版社，2018．

［14］Mark B，Ernie B，Carlos P．Chiller plant optimization：Improving on variable primary flow chilled water system operation［J］．Engineered Systems，2016，33（11）．

［15］William P．Bahnfleth，Eric B．Peyer．Varying views on variable primary flow chilled water systems［J］．HPAC Engineering，2004，76（3）：5-9．

［16］ZimmerH．Chiller control using on-line allocation for energy conservation［J］．ISA Annual Conference Proceedings，1976，308-313．

［17］丁帅，孟庆龙，常赛南．不同控制策略下变风量空调系统夏季运行工况［J］．土木建筑与环境工程，2018，40（2）：124-131．

［18］杨新凤．楼宇空调变水量冷冻水系统的优化控制［D］．西安：西安建筑科技大学，2006．

［19］罗金卓，李楠．一次泵变流量水系统优化控制与仿真［EB/OL］．中国科技论文在线．

［20］Fadwa L，Mohamed B，Radouane O，et al．A context-driven platform using Internet of things and data stream processing for heating，ventilation and air conditioning systems control［J］．Proceedings of the Institution of Mechanical Engineers，Part I：Journal of Systems and Control Engineering，2019，233（7）．

［21］Servet S，Mehmet K，Hasan A．Design and simulation of self-tuning PID-type fuzzy adaptive controlfor an expert HVAC system [J]. Expert Systems with Applications, 2009, 36: 4566-4573.

[22] 吴学渊. 广州某医院中央空调系统制冷机房的节能改造研究 [D]. 广州: 广州大学, 2015.

[23] 张丽, 沈致和. 合肥地区某建筑空调设计与能耗分析 [J]. 制冷与空调, 2015, 6: 680-683.

[24] 荣剑文. 冷水机组群控策略的讨论 [J]. 智能建筑, 2006 (3): 44-45.

[25] 李苏泷, 邹娜. 空调冷却水变流量控制方法研究 [J]. 暖通空调, 2005 (12): 51-54, 119.

[26] Foucquier A, Robert S, Suard F, et al. State of the art in building modelling and energy performances prediction: A review [J]. Renewable and Sustainable Energy Reviews, 2013, 23: 272-288.

[27] Raftery P, Keane M, O'Donnell J. Calibrating whole building energy models: An evidence-based methodology [J]. Energy and Buildings, 2011, 43 (9): 2356-2364.

[28] 李梅香, 彭惠旺, 陈毅兴, 等. 商场建筑运行能耗实测数据修复方法研究 [J]. 建筑节能 (中英文), 2021, 49 (5): 37-45.

[29] Kwak S K, Kim J H. Statistical data preparation: Management of missing values and outliers [J]. Korean Journal of Anesthesiology, 2017, 70 (4): 407-411.

[30] Martellotta F, Ayr U, Stefanizzi P, et al. On the use of artificial neural networks to model household energy consumptions [J]. Energy Procedia, 2017, 126: 250-257.

[31] Kalogirou S A, Bojic M. Artificial neural networks for the prediction of the energy consumption of a passive solar building [J]. Energy, 2000, 25 (5): 479-491.

[32] Hygh J S, Decarolis J F, Hill D B, et al. Multivariate regression as an energy assessment tool in early building design [J]. Building and Environment, 2012, 57: 165-175.

[33] Amiri S S, Mottahedi M, Asadi S, et al. Development and validation of regression models to predict annual energy consumption of office buildings in different climate regions in the United States [C] //5th International/11th Construction Specialty Conference.

[34] Wang Z, Hong T, Piette M A. Building thermal load prediction through shallow machine learning and deep learning [J]. Applied Energy, 2020, 263.

[35] Yan L, Liu M. A simplified prediction model for energy use of air conditioner in residential buildings based on monitoring data from the cloud platform [J]. Sustainable Cities and Society, 2020, 60.

[36] Wang R, Lu S, Li Q. Multi-criteria comprehensive study on predictive algorithm of hourly heating energy consumption for residential buildings [EB/OL]. 2019.

[37] Ahmad M W, Mourshed M, Rezgui Y. Trees vs Neurons: Comparison between random forest and ANN for high-resolution prediction of building energy consumption [J]. Energy and Buildings, 2017, 147: 77-89.

[38] Chammas M, Makhoul A, Demerjian J. An efficient data model for energy prediction using wireless sensors [J]. Computers & Electrical Engineering, 2019, 76: 249-257.

[39] Wei Y, Xia L, Pan S, et al. Prediction of occupancy level and energy consumption in office building using blind system identification and neural networks [J]. Applied Energy, 2019, 240: 276-294.

[40] Seyedzadeh S, Pour Rahimian F, Rastogi P, et al. Tuning machine learning models for prediction of building energy loads [J]. Sustainable Cities and Society, 2019, 47.

[41] Wei L, Tian W, Zuo J, et al. Effects of building form on energy use for buildings in cold climate regions [J]. Procedia Engineering, 2016, 146: 182-189.

［42］ Tsanas A，Xifara A. Accurate quantitative estimation of energy performance of residential buildings using statistical machine learning tools ［J］. Energy and Buildings，2012，49：560-567.

［43］ Kumar S，Pal S K，Singh R P. Intra ELM variants ensemble based model to predict energy performance in residential buildings ［J］. Sustainable Energy，Grids and Networks，2018，16：177-187.

［44］ 周志华. 机器学习 ［M］. 北京：清华大学出版社，2016.

［45］ Li Y，O' Neill Z，Zhang L，et al. Grey-box modeling and application for building energy simulations-A critical review ［J］. Renewable and Sustainable Energy Reviews，2021，146 (May)：111174.

［46］ Hassid S. A linear model for passive solar calculations：Evaluation of performance ［J］. Building and Environment，1985，20 (1)：53-59.

［47］ Hazyuk I，Ghiaus C，Penhouet D. Model predictive control of thermal comfort as a benchmark for controller performance ［J］. Automation in Construction，2014，43：98-109.

［48］ Dewson T，Day B，Irving A D. Least squares parameter estimation of a reduced order thermal model of an experimental building ［J］. Building and Environment，1993，28 (2)：127-137.

［49］ Zhang D，Xia X，Cai N. A dynamic simplified model of radiant ceiling cooling integrated with underfloor ventilation system ［J］. Applied Thermal Engineering，2016，106：415-422.

［50］ Ogunsola O，Song L. Review and evaluation of using R-C thermal modeling of cooling load prediction for HVAC system control purpose ［C］//Proceedings of the Asme International Mechanical Engineering Congress and Exposition.

［51］ Wang S，Xu X. Simplified building model for transient thermal performance estimation using GA-based parameter identification ［J］. International Journal of Thermal Sciences，2006，45 (4)：419-432.

［52］ Wang S，Xu X. Parameter estimation of internal thermal mass of building dynamic models using genetic algorithm ［J］. Energy Conversion and Management，2006，47 (13-14)：1927-1941.

［53］ Lam J C，Hui S C M，Chan A L S. Regression analysis of high-rise fully air-conditioned office buildings ［J］. Energy and Buildings，1997，26 (2)：189-197.

［54］ Lam J C，Hui S C M. Sensitivity analysis of energy performance of office buildings ［J］. Building and Environment，1996，31 (1)：27-39.

［55］ Martínez J，Iglesias C，Matías J M，et al. Solving the slate tile classification problem using a DAGSVM multiclassification algorithm based on SVM binary classifiers with a one-versus-all approach ［J］. Applied Mathematics and Computation，2014，230：464-472.

［56］ 王占伟. 冷水机组故障检测与诊断方法研究 ［D］. 西安：西安建筑科技大学，2017.

［57］ 陈炬，陈洁，李峥嵘，等. 供热空调系统中水泵的设计 ［J］. 暖通空调，2008 (4)：79-82.

［58］ 闫志平. 水泵常见故障诊断及处理 ［J］. 科技经济导刊，2018，26 (32)：42，44.

［59］ 邱增刚. 浅谈水泵运行中的常见故障与检修 ［J］. 农家参谋，2019 (24)：139.

［60］ 马向奇，张小丽. 冷却塔风机故障诊断技术及处理关键技术分析 ［J］. 化工设计通讯，2017，43 (07)：114-115.

［61］ 曹翠芝，丁文峰. 循环水冷却塔风机故障的原因分析及改造 ［J］. 风机技术，2008 (05)：71-74.

［62］ 朱伟峰，江亿，薛志峰. 空调冷冻站和空调系统若干常见问题分析 ［J］. 暖通空调，2000 (6)：4-11.

［63］李嘉劼，李铮伟，张炜杰．上海市商业建筑冷水机组控制策略的现状分析［J］．建筑节能，2018，46（9）：48-53．

［64］关翔，徐文忠，梁延民．空调水系统循环水泵设置常见问题分析［J］．区域供热，2016（4）：67-69．

［65］孙克春．空调水系统常见问题分析［J］．福建建设科技，2007（5）：54-56．

［66］李杰，杨兰．横流式冷却塔溢水故障分析及处理措施［J］．工业用水与废水，2015，46（2）：44-47．

［67］蔡宏武．实际运行调节下的空调水系统特性研究［D］．北京：清华大学，2009．

［68］姜子炎，韩福桂，王福林．二次泵系统中逆向混水现象的分析和解决方案［J］．暖通空调，2010，40（8）：51-56．

［69］陈庆财，鹿伟，王福林，等．大数据技术在建筑节能中的应用案例研究［J］．建筑节能，2019，47（10）：105-108，116．

［70］宋玺．某综合办公楼楼宇自控水系统设计方案［J］．建筑智能化，2008，27（1）：45-47．

［71］杨卫波，张苏苏．冷热负荷非平衡地区土壤热泵土壤热失衡研究现状及其关键问题［J］．流体机械，2013，42（1）：80-87．

［72］刘俊，张旭．大规模地源热泵地温恢复特性研究［J］．铁道标准设计，2010（增刊2）：93-95．

［73］钱必华，徐旭，谭立民．上海长风跨国采购中心空调系统设计［J］．暖通空调，2016，46（3）：51-55．